U0268209

声笛曲丛书

Pied Piper

《芦笛曲丛书》项目组

组　长　李　普
副组长　范春萍

成　员　（按姓氏汉语拼音排序，将不断有新成员加入）

陈润生 *	董光璧	樊潞平	高　山	郭光灿 *
郭艳玲	胡俊平	黄永明	霍裕平 *	姬十三
解思深 *	匡廷云 *	李喜先	李永葳	刘　茜
刘育新	刘　夙	罗　勇	欧阳钟灿 *	欧阳自远 *
邱成利	史　军	唐孝威 *	唐云江	武夷山
杨志坚	叶　青	尹传红	张家铝 *	钟　掘 *

主　持　范春萍　　唐云江

注：标"★"者为中国科学院或中国工程院院士

再造一个地球

人类移民火星之路

（第 2 版）

欧阳自远
刘 茜 著

ANOTHER EARTH

ROAD TO MARS

北京理工大学出版社
BEIJING INSTITUTE OF TECHNOLOGY PRESS

图书在版编目 (CIP) 数据

再造一个地球：人类移民火星之路 / 欧阳自远，刘茜著 . —2 版 . —北京：
北京理工大学出版社，2018.1

（芦笛曲丛书）

ISBN 978-7-5682-4995-9

Ⅰ . ①再…　Ⅱ . ①欧… ②刘…　Ⅲ . ①空间探索　Ⅳ . ① V11

中国版本图书馆 CIP 数据核字（2017）第 287173 号

出版发行 / 北京理工大学出版社有限责任公司

社　　址 / 北京市海淀区中关村南大街 5 号

邮　　编 / 100081

电　　话 /（010）68914775（总编室）

　　　　　（010）82562903（教材售后服务热线）

　　　　　（010）68948351（其他图书服务热线）

网　　址 / http://www.bitpress.com.cn

经　　销 / 全国各地新华书店

印　　刷 / 北京地大彩印有限公司

开　　本 / 787 毫米 ×1092 毫米　1/16

印　　张 / 11.25　　　　　　　　　　　　　　　责任编辑 / 张慧峰

字　　数 / 165 千字　　　　　　　　　　　　　　文稿编辑 / 张慧峰

版　　次 / 2018 年 1 月第 2 版　　2018 年 1 月第 1 次印刷　　责任校对 / 周瑞红

定　　价 / 46.00 元　　　　　　　　　　　　　　责任印制 / 王美丽

图书出现印装质量问题，请拨打售后服务热线，本社负责调换

历久弥新，日新又新，惊赞敬畏
（代再版序言）

范春萍

"希尔伯特这个吹笛人所吹出的甜美芦笛声，吸引着无数老鼠跟着他投入了数学的深河。"希尔伯特（David Hilbert）的学生加传记作者外尔（Hermann Weyl）这轻轻一语，讲出了人类文明及科学进程中无比传神的故事，美妙诱人。"笛声"和"深河"的魅力百年萦绕，历久弥新。

我被这个带着情境和既视感的摄魂故事捕获，成为希尔伯特的一只另类老鼠，去鼓动科学家们吹笛子，或引进科学的迷人摄魂曲，然后助力传播。

这是我做科普图书出版的心路历程和内在动力，经我手出版的许多原创或引进版科普书，都若隐若现着"希尔伯特"们的悠扬笛声。

《芦笛曲丛书》是我于2006年在"科技部科技计划科普化示范项目"支持下开始策划组织、2007年正式启动的前沿科技科普丛书出版项目。当时策划了10本，我做策划编辑兼责任编辑，邀《科学世界》主编唐云江做丛书主持。

2008年底，我因工作调动离开出版社，项目进度受到影响。除2009年出版的《基因的故事：解读生命的密码》和《爱因斯坦的幽灵：量子纠缠之谜》、2010年的《再造一个地球：人类移民火星之路》之外，其余7本由于未达到我对芦笛摄魂度的预期而未能按期出版。之后，有的书稿返修，有的换选项、换作者，又由于作者们、主持人以及我自己新工作的忙碌而拖延下来。

毫不夸张地说，第一批出版的3本书无论从创意、内容还是行文质量都完全可以与国际上最好的科普书媲美。但是，出版之初3本书的命运却并不相同。大概与大众传媒世纪之交对"21世纪是基因科技的世纪"的渲染，以及我国新世纪航天工程的巨大成就有关，《基因的故事》《再造一个地球》两书一出版即获得广泛赞誉和各种奖项，进入各种发行推广目录、反复重印，而在专业圈子得到甚高评价的《爱因斯坦的幽灵：量子纠缠之谜》，却因公众离量子力学过远、基本没听说过"量子纠缠"而受到冷遇。

2007—2017年，是科学蓄力、技术爆发、科技指标翻天覆地般指数蹿升的 10 年。10 年间，与《基因的故事》相关的基因技术狂飙突进，基因治疗、基因编辑、基因工程等都取得巨大进展也遭遇巨大争议、引发更大关注。与《再造一个地球》相关的航天工程奇迹连连：欧洲航天局（ESA）的"罗塞塔号"（Rosetta）飞船 2004 年起经 10 年飞行，于 2014 年把"菲莱"（Philae）探测器送达"丘留莫夫－格拉西缅科"（Churyumov-Gerasimenko）彗星表面；美国航天局（NASA）的"新视野号"（New Horizons）2006 年起飞经 9 年多飞行于 2015 年飞掠冥王星后飞向柯依伯带，2011 年起飞的"朱诺号"（Juno）经近 5 年飞行于 2016 年进入木星轨道，1997 年起飞的"旅行者 1 号"（Voyager 1）经 40 余年漫漫长旅飞离太阳系磁场边界，1997 年起飞的"卡西尼号"（Cassini）经 6 年多飞行于 2004 年抵达土星轨道、进行了 13 年多的探测工作后于北京时间 2017 年 9 月 15 日燃料将尽时、在科学家控制下坠入土星大气焚毁而演绎"壮丽终章"（Grande Finale）；多国争相探测月球，争相探测火星。更加可喜也令人震惊的是量子技术的突破，量子通信卫星、量子计算机等的成功，把"量子纠缠"这个连科学家都解释不清的"幽灵现象"推到了公众面前。

2017 年，得到"北京市科普社会征集项目"的支持，《芦笛曲丛书》得以修订再版。这套书做的是前沿科普，首版时反映的就是直至出版之前的前沿发展状况。10 年中各个领域都发生了很大变化，修订给了丛书继续跟上前沿的机会。这真是可喜可贺的大好事。

科学大神卡尔·萨根有言："宇宙现在是这样，过去是这样，将来也永远是这样。只要一想起宇宙，我们就难以平静——我们心情激动，感叹不已，如同回忆起许久以前的一次悬崖失足那样令人晕眩战栗。"其实，自然和科学的各个领域无不如此。

大哲学家康德说过："有两样东西，越是经常而持久地对它们进行反复思考，它们就越是使心灵充满常新而日益增长的惊赞和敬畏：头上的星空和心中的道德律。"只要留心阅读好书，美妙的自然、神奇的科学、精致的心灵，无不引发我们"日益增长的惊赞和敬畏"。

《基因的故事》《再造一个地球》《爱因斯坦的幽灵》3 本书的再版开了个好头，以此为契机，我们将再度启动《芦笛曲丛书》，继续推出更多好书以飨读者。新启动的《芦笛曲丛书》由我和唐云江共同主持，张慧峰担任策划编辑。

2018 年 1 月

总　　序

今天，我们按动手机号码，可以和世界上任何地方的人通话；我们敲击电脑键盘，可以足不出户而知天下；我们开车行驶在大漠荒山，可以用GPS导航……科学已经无处不在，它改变着我们的生活，也改变着我们的思想和行为。

作为人类认识自然、与自然对话的一种方式，科学令人好奇和神往……

当早期的人类直面这个丰富多彩的世界的时候，世界混沌一片、浑然一体，一代一代的先辈，用观察、计数、分类、测量、计算、思辨、实验、解析、模拟……数不清的办法探索世界的奥秘，这也就是在各个时代有不同内容和不同表现形式的科学。

起源于生产实践，以技能技巧、经验积累为原初形态的技术，在当代社会与科学融为一体。

如今，科学技术作为人类社会实践的重要领域之一，成为复杂的巨系统工程，成为衡量一国综合国力的重要指标，成为推动社会进步的一种无与伦比的力量。科学需要全社会的理解、关注和参与，需要以公众科学素质的提高作为保障。

然而，科学也常使我们茫然和困惑：它带来的不都是福音，也有灾难和恐惧；同时，前沿科技发展越来越快，精深而艰涩，越来越远离我们的直觉和经验。加之科学的领域越来越宽，分类越来越细，甚至相同学科不同方向的科学家之间都很难明了对方的工作了。

巨大的鸿沟横亘于科学和人文之间，横亘于科学界与公众之间。

本丛书是国家科技部"科技计划科普化示范项目"，并入评"'十一五'国家重点图书出版规划项目"。丛书旨在向公众普及前沿科学技术知识，使每年巨额投入的各类科技计划成果在提高国家科技水平和科技能力的同时，也能以科普的形式，让自主创新的成果进一步惠及广大公众，对提高公众的科学素质、促进公众理解科学、吸引公众关注以至投身科技事业有益。另外，通过示范项目，引导形成科学家关心公众科学素质、承担社会科普责任、热心参与科普事业的氛围，在科学家、工程师中发现和培养科普作家，探索科学家、科普作家、出版机构三结合的科普创作新模式。

然而，科技的前沿在哪里？一日千里、艰深难懂的前沿科技何以科普？

前沿，像是科技疆域的地平线，你站得越高，地平线越绵长，线外的未知领域也越广阔。科技的脚步在前行，科技的疆域在拓展，前沿的领域在扩张……

如何从科学的腹地出发，沿着崎岖的小路，理清前沿的发展线索，抓住最重要的前沿领域，成为对丛书成败的第一个考验。

前沿科普与成熟知识科普的最大不同在于前沿是发展的，是每日每时都可能有变化的。前沿科普的作者一定要是一线科研工作者或能够理解一线工作和科研进展的人。于是动员一线科学家参与丛书的写作成为对丛书成败的第二个考验。

这是一项行动，一项一线科学家参与科普，参与前沿科普的开风气之先的示范性行动。

我们是幸运的，读者是幸运的。首批丛书有10位院士承诺参与，并积极投入到丛书特别是各自承担的分册的策划和著述中。

考虑到身处科研一线的院士们工作繁忙，我们为每一位院士挑选了一位科普助手，由两个人共同完成一本书的写作。两位作者思路、见解的融合，工作方式以及叙事、论理风格的互相接纳是对丛书成败的又一个考验。

更加幸运的是，试验取得了初步成功。丛书的前三本已经出版了，接下来还将有新书陆续出版。

这套丛书设定为一套开放的书系，将不断有新书加入。在此，诚邀广大一线科研工作者加盟著述（可以是一线科研人员个人独立著述，也可以是一位一线科研人员与一位科普作者合作著述），使丛书所覆盖的前沿领域越来越宽广，为读者提供更多的精神食粮。

正如数学家外尔所言："希尔伯特这个吹笛人所吹出的甜美的芦笛声，吸引着无数老鼠跟着他投入了数学的深河。"我们也希望这套丛书能像一支支芦笛曲，催生出读者对科学的向往和追随……

目 录

Another
Earth

再版前言

十年前开始写作本书的时候，我还是北京天文馆一名刚刚开始科普实践不久的新手编导，正在如饥似渴地向前辈学习，梦想是写出"好看的"科普作品，毫不怀疑自己将会为这个梦想终身努力。《再造一个地球》是我科普创作生涯的第一本书，承蒙范春萍老师看重，第一本书就能够与欧阳自远院士合著，对我来说是极大的荣幸。十年后我已经是一名小有经验的作者和编剧，回顾本书的内容，颇有一些本应表述得更加通俗、准确、得体的地方，在当年囿于我这个执笔者的格局和学识，留下了不少瑕疵，辜负了两位前辈的信任，不得不感到遗憾和惭愧。在这十年间，人类对月球和火星的认识大幅刷新，更多的国家参与到空间探索的行列中来，为人类寻找新的出路，本书的内容现在看来已经过于陈旧，需要更新更"前沿"的介绍。

在修订版中，更新了近年来地球能源与环境的相关情况、空间探索的主要成就、火星探测的新发现和新成果，以及各国近期的空间探索规划等内容，对上一版中使用的数据重新查对和更新。调整了少量章节和段落的顺序，以便于读者理解。撤换和补充了一些图片，补充了延伸阅读书目。本书的修订工作承蒙欧阳自远院士悉心指导并提供了大量资料才得以完成，书中关于火星的介绍大量参考了欧阳自远院士与邹永廖研究员编著的《火星科学概论（第二版）》。

非常感谢接手本书的张慧峰编辑同意修订本书，也感谢张编辑容忍我吹毛求疵的工作态度，本书的修订工作因为我的原因延迟了可怕的时间进度，希望最终的阅读感受值得这额外的时间。

感谢打开这本书，欢迎继续阅读下去。

刘茜，2017 年 12 月于北京天文馆

第1版前言

从诞生的那一刻开始，人类就一直不停地为生存空间和生存环境而奋斗。

最初，我们与洪水、猛兽和冰河时代斗争；后来，我们与战乱、贫瘠和各种自然灾害斗争——也许不管在宇宙的哪个角落，这都是智慧生命的必经之路。我们不知道还有没有别的星球上演着同样的传奇，但人类顽强地在这个蓝色的星球上生存了下来。人类像是一个好奇的婴儿，在地球这个温暖舒适的摇篮里睁开了眼睛，然后开始向摇篮外张望。

就目前我们的所知，这里还是宇宙中美丽的生命孤岛。地球以外的行星上还从未发现过智慧生命的痕迹，人类向宇宙空间发送出的种种信息也从未得到过回复。

有别于此前的任何一任地球霸主，人类在这颗星球的几乎每一个角落——包括大气圈外——都留下了踪影。不仅仅是基于求知的欲望，也是在寻找任何一个开拓生存空间的可能。这是必需的，因为我们已经在这颗星球上繁衍得过于迅速，索取得过于贪婪。

人口问题、能源问题、生态和环境问题一起，成为制约人类发展的天然瓶颈。高速发展的现代社会，实质上仍然建立在以碳为主的传统能源的基础上；当这个基石开始出现空洞，人类社会就来到了需要作出选择的十字路口。

在"后碳时代"，我们可能将不得不改变几千年来习惯的生活方式。天文学、生物学、地球科学、信息科学、材料科学和空间科学将担负起为人类寻找出路的重任。我们应该如何利用地球上有限的空间和资源存续下去？也许应该考虑建设一个备用的"地球"，这是当今地球人不得不思考的命题。

第一章
地球：蓝色的家园

地球是人类的摇篮，但人类不能永远生活在摇篮里……

——康斯坦丁·齐奥尔科夫斯基

从我们远古的祖先首次直立起他们佝偻的腰肢至今，人类在地球上已经生活了数百万年的时间 [1]。

生命自起源之初就历经劫难，却始终在这个星球上顽强的演化着。从简单到复杂、从海洋到陆地，在人类之前，地球霸主的世代多次更迭。那些曾经君临地球的物种，从生理结构来说，它们中的大多数都比人类要么强壮、要么迅捷、要么坚韧，如今却只能在博物馆看到。人类这个弱小的物种是在充斥着冰川和猛兽的时代出现的，看似弱小，但在延续至今的生存竞争中却笑到了最后。

因为掌握了名为"文明"的利器，人类在漫长的生存竞争中

1. 迄今发现的最早的古人类化石约在至少 600 万年前 [Brunet, M. et al. New material of the earliest hominid from the Upper Miocene of Chad. Nature 434, 752–755 (2005)]；最早的智人化石约在 280 万年前（DOI: 10.1126/science.aaa1343）。

存续了下来。他们从非洲出发，逐渐移居到世界各地，在一代代的繁衍生息中随着自然环境的不同而逐渐改变。各种肤色、种族和文化的人们在漫长的历史中共同改变着这个星球的面貌，在它的各个角落留下了自己的痕迹。

地球，我们在宇宙空间中唯一的家园，在人类活跃的这段时期，不断发生着奇妙的变化，直到如今。

这是最好的时代，这是最坏的时代。现代文明的浪潮席卷了整个世界，地球上的一切都在日新月异地变化着。假如一个古代中国人"穿越"到如今的这个国度，一定会以为自己闯入了一个陌生的世界：鳞次栉比的楼宇、四通八达的高速公路、现代化的各种交通和通信工具，哪怕在仅仅百年前都是难以想象的。毋庸讳言，与我们的先祖的经历相比，人类的生活方式和生活环境已经发生了翻天覆地的改变。一直以来，我们都竭尽所能地去探索

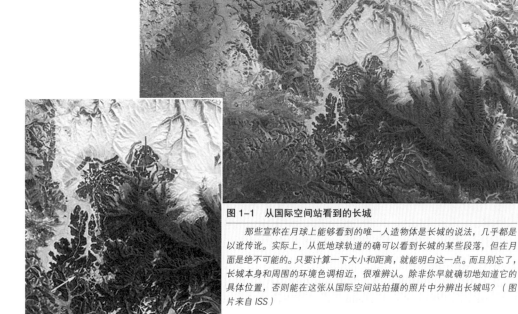

图 1-1　从国际空间站看到的长城

　　那些宣称在月球上能够看到的唯一人造物体是长城的说法，几乎都是以讹传讹。实际上，从低地球轨道的确可以看到长城的某些段落，但在月面是绝不可能的。只要计算一下大小和距离，就能明白这一点。而且别忘了，长城本身和周围的环境色调相近，很难辨认。除非你早就确切地知道它的具体位置，否则能在这张从国际空间站拍摄的照片中分辨出长城吗？（图片来自 ISS）

图 1-2　上图的局部。它其实在这里！

和发现自然界的种种规律，并加以利用。尽管这种种努力与大自然的庞大力量相比看似微不足道；尽管还有种种复杂、混沌和不可知的现象还未能由现代科学给出合理的解释；尽管所有的人类建筑——不管是现代的摩天大楼，还是古代的长城和金字塔——只消从数百千米的高空看去就杳无踪迹，人类依然因自己的文明而自豪：

在我们之前，从未有哪一个物种像我们一般彻底地成为地球的主人。

但事实当然并不仅止于此。

1.1 地球造就人类

从 20 世纪以来，我们已经无数次从太空中窥视过地球的全貌。"太阳系的第三颗行星"写在了地球的身份证上。

这个蔚蓝色的美丽行星，被海洋和大气包围着。二氧化碳和水在大气、生物体和岩石圈之间往复循环，这正是它成为生命乐园的关键。我们到现在还不清楚，最初的生命是如何出现在饱含氨基酸的粥状海水中的。它们是厌氧的原始生命，以碳、硫化氢、二氧化碳等来自地球内部的物质为营养，在暗无天日的海底生存——当时的地球表面和浅海受到强烈的紫外线和宇宙射线辐射，这些辐射的能量会迅速地破坏有机分子，让生命无法

图 1–3 著名的"蓝色弹珠"照片，从阿波罗 17 号上看到的地球全貌 (Apollo 17, AS17–148–22727)

　　拍摄于 1972 年 12 月 7 日，非洲和南极洲在图中清晰可见。亚洲位于右上方地平线下。图片来自 NASA

生存。随后，大面积的火山喷发、频繁而剧烈的地壳运动、强酸性海水的侵蚀和溶解作用，不断改变着大气和水体的成分。原始的生命适应了地球的原始环境，光合作用的出现更是加速改变了大气的成分——氧气出现了。就这样从无机到有机，从简单到复杂，从海洋到陆地，生命不断尝试着一切可能的形态，再被大自然无情地筛选和淘汰。

和其他所有物种一样，人类也是海洋中那些最原始的远古生命的后代。在漫长的演化过程中，物种的每一个细节都打上了地球的烙印。我们从微不足道的简单分子一点点演变成如今的智慧生命，每一个人的身体都是一个异常复杂和精密的系统——而我们都知道，越是精密的系统，越是容不下差错。我们身体里的每一个器官、每一种功能，都是在漫长而复杂的演化过程中，经过攸关生死的取舍才成为现在的样子。这个过程中充满了偶然，哪怕其中出现一点点的偏差，我们的样子都可能与现在大相径庭。

从这个意义上来说，人类是地球"精雕细琢"而成的。我们必须精确地适应地球的重力、气压、大气成分和自转周期，任何的轻微改变都可能令我们产生不适。

重力把我们和我们周边的一切维系在这个星球上。我们的骨骼和肌肉必须既足以支撑身体的重量，又不能过于沉重。我们体内血液和体液的循环，只有在地球的重力环境下才能有效运行。不管是失重还是超重都会让我们立刻感觉不适——体液的循环、姿态和位置的感觉，甚至连体内各个脏器的位置都会发生相应的改变。在很大程度上，重力决定了我们的体型大小、肌肉类型和运动方式——假如我们是在一个表面重力较小的星球上演化而来，身材也许就会更为高大，肌肉的类型可能也会以快速反应型为主——连奔跑的姿势也会发生改变，很可

生命对地球的适应体现在各个方面。比如，地球上的植物叶片之所以多数呈现绿色，是因为它们在可见光的种种波段里选择反射绿色光——与其他波段相比，到达地球表面的红光最多，而蓝光最容易吸收（所以蓝色植物最不容易出现），从这两个波段能够得到更多的能量。其他行星表面的光谱构成有所不同，植物完全有可能反射其他颜色的光线。

能重心会压得更低，身体倾斜得也会更厉害。

同时，我们身体内部的压力必须严格地与大气压相等，特别是眼球、鼓膜等精密而娇嫩的器官。不妨回忆一下乘坐飞机时的经验：在飞机升空时，由于体外的气压变化，耳朵里总会产生不适。这就是因为鼓膜内外的压力差造成的。必须借助吞咽或者擤鼻子的动作，使得耳内的压力与飞机内的外界气压一致，这种不适才会消失。同样，潜水的时候假如下潜得太深太快，也会因为压力变化太过剧烈而面临危险。假如未来的人类到月球或者火星上生活，必须要做好种种防护，其中最容易出现的危险就是空气的泄漏：一旦置身于极其稀薄的大气下，我们的肺将会因为体内外巨大的压力差而立刻失去功能，让人迅速窒息，这是非常可怕的[1]。

还有无数的事实可以证明我们对地球的归属感。我们的眼睛只能识别波长为 $0.38 \sim 0.76$ 微米的光，因为这个波段的光线在大气层中透过率最高，也因此我们把这个波段的光命名为可见光。我们从地球环境中摄取氧气、水、食物等生命必需的物质，以维持机体正常的生长和发育；另一方面，在代谢过程中产生的废物又排入环境，成为其他生物的营养来源。我们的皮肤会自行合成黑色素，来抵御阳光中的紫外线的伤害。每一个细节，都是基于地球的条件而做出的选择：一切都因应于地球，一切都取决于地球。

1.2 生存竞争

相对应的是，人类也许正是最能适应地球生活的生物。从远古时代走出森林的祖先开始，我们的尾椎渐渐退化、毛发渐渐稀疏，原本突出的眉骨和下颚渐渐平滑，最终变成了现在的模样。

---

1. 在本书的第一版中提到在接近真空的环境中"我们体内的液体会迅速沸腾，身体也会因为内外压力的差异而爆裂开来"，内容不确。由于我们的身体具备一定的强度，其自身能够提供向内的压力，所以体内的液体不会沸腾（但暴露出来的液体会，如果伸出舌头，舌面上的水分会马上沸腾），身体也不会爆裂。想想从深海里捞上来的鱼类，它们的身体也是大致完好的（否则我们也就不必捕捞它们了）。

图 1-4　人类的演化

人类的外貌和姿态在演化历程中不断发生改变，最终成了衣冠楚楚的现代人。

　　人类是地球的精灵，这颗行星因为我们的存在而显得如此与众不同。我们手持着名为"文明"的利器，基于自己的便利而改造了这颗蔚蓝色的星球，不断地扩展着自己的生存空间。我们学会了使用火种和工具，渐渐开始利用衣物御寒，懂得修造遮风避雨的房屋。我们种植作物、驯养牲畜、储存粮食，在连绵不断的自然灾难中存活下来，而其他那些无法适应地球环境变化的物种，只有化石证明它们曾经的存在。没有其他的生物像我们这样善于利用种种与地球的契合条件，这一点可以由人口的增长速度证明：2015 年，世界人口达到了 73 亿，比 2003 年增长了 10 亿，比 1990 年增长了 20 亿。按照联合国世界人口展望（WPP）的估计，未来的人口增速将会放缓，但也预计将会在 2050 年达到 97 亿，2100 年达到 112 亿。

　　人类不但在物种的生存竞争中大大胜出，甚至还自觉或者不自觉地侵占了其他物种的生存机会：自从人类进入农业社会以来，地球实际上就一直处于所谓的"第六次大灭绝"[1]事件中，

---

　　1. 前五次大灭绝分别是奥陶纪－志留纪灭绝事件（4.4亿～4.5亿年前）、晚泥盆纪灭绝事件（3.6亿～3.75亿年前）、二叠纪－三叠纪灭绝事件（2.52亿年前）、三叠纪－侏罗纪灭绝事件（2亿年前）和白垩纪－第三纪灭绝事件（6600万年前）。

目前物种灭绝的速度估计是"自然"条件下的 100 ～ 1 000 倍，可能更是新物种形成速度的上万倍——

这场生存的竞争，我们是不是已经胜利过头了？

我们并非对这样的危险一无所知。但另一个现实是，人类创造了现代的工业文明，却又被工业文明的大潮所裹挟。我们习惯了现代化的生活，享受这种生活的舒适和便利，却很少思考这样的舒适和便利建立在什么样的基础之上。置身于"全人类"这个庞大的群体中，单个的个体显得如此渺小，以至于我们一直对地球的承载

截至 2015 年，世界自然保护联盟（IUCN）的《IUCN 濒危物种红色名录》一共记录了自公元 1500 年以来的 860 个已灭绝物种和 68 个野外灭绝物种。另外，还有 5 210 个极危物种、7 781 个濒危物种和 11 316 个易危物种（大熊猫目前就在易危这一级），合计 24 307 个物种为受威胁物种，比 2000 年增加了 12 901 种。有统计的物种中，63% 的苏铁植物、41% 的两栖植物、33% 的珊瑚、34% 的松柏、25% 的哺乳动物和 13% 的鸟类属于受威胁物种。比较悲观的估计认为，到 2100 年左右，现存的动植物物种里有大约一半都会消失。[1]

1. Wilson, E.O., The Future of Life (2002)；Leakey, Richard, The Sixth Extinction : Patterns of Life and the Future of Humankind（1996）.

能力深信不疑，误以为它还将永远任我们这样予取予求下去。地球不但是我们的家园，它还是我们的摇篮，我们的守护者。只要有地球就会有生命，只要有地球就会一直会有人类，不是吗？

No，no，no。不要太着急作出回答。当然，我们并不打算在这里就人类的生存现状作出长篇大论的分析，我们关心的是地球：这颗太阳系中唯一被大面积的液态水覆盖的蓝色星球，"恰好"有着适宜的条件，"恰好"孕育出了无数的生命，经历了46 亿年的漫长岁月而走到如今，它的现状究竟如何呢？

1.3 摇篮的危机

毋庸置疑，现代社会的人类的确比以往任何时候都生活得更为舒适。我们花费上万年的时间，学会了如何利用来自地球的馈赠：粮食、矿产、能源，乃至我们生活所需的一切。

　　和古人相比，我们的交通快捷便利，住所冬暖夏凉，有机会享受来自世界任何地方的华服与美食。现代的科技和生产力支撑着我们与古人完全不同的生活方式。我们也许会自豪地说，正是由于人类文明的发达，才使得我们能够享受如此的便利。不过这样的便利绝非全无代价。支持现代生活方式的一切——矿产、能源和其他任何所需物资，全部都是由地球提供的。与其说地球是人类的家园，毋宁说它是供我们予取予求的人类之母。区区人类的一分子相对于这颗行星来说是如此微不足道，特别是居住在现代城市中的居民，远离了资源采集和利用的第一手现场，得以享用其利而免于其苦，往往错觉地球对我们的支持将无穷无尽地持续下去——这种现代文明的美梦由于近年来雾霾对城市和乡野的无差别笼罩而渐渐清醒，越来越多的人开始正视我们所面临的资源状况。每个人由于自己的学识、信息来源、生活方式和社会地位，就这个问题得出的结论多半各不相同，但地球绝非永远能够予取予求，这一点想必会是共同的认识。

　　那些鼓吹人类发展是多么迅速、伟大、美妙的论点往往忽略了一个根本的问题：经济的发展大多伴随着环境的污染和退化，只是这污染和退化与经济发展受益者的物理距离依具体情况而不同，为经济发展而付出代价的人群也并不总能享受到经济发展的好处。当城市居民恐慌于雾霾对健康危害的时候，地球上另一些地方的人民早已饱受环境污染之苦。环境问题不单单限制我们的发展，它甚至已经开始直接威胁到人类的生存：地球所能提供给我们的粮食、能源和其他资源，其储存量和消耗速度都是有据可查的，稍微计算一下，就能估计出地球对人类的供养还能持续多久。

　　人类的食物超过99%来自陆地（回忆一下中学地理课本，你大概能想起陆地占地球表面积的30%不到），另外的不到1%来自海洋和其他水生态系统。根据联合国粮农组织（FAO）的数据，2014年，全世界的陆地面积为130亿公顷，其中耕地面积仅为14.17亿公顷。我国大陆在2014年的耕地面积为10 570万公顷，比2010年减少了152万公顷、比2000年减少了1 247

万公顷。[1]耕地减少的主要原因是城市化和公路建设，而这两条都是现代化社会的必需。

　　虽然世界总耕地面积自 2010 年以来实际上略有增加（从 2010 年到 2014 年，增加了 2 889.6 万公顷），但考虑到人口也在这期间由 69.3 亿变为了 72.7 亿，世界人均占有的耕地面积依然在逐年减少。实际上，全球人均可利用土地面积在 1948 年开始下滑，而人均粮食总量从 1984 年开始逐年走低。一直到现在，贫穷和饥饿依旧是人类面对的首要问题，目前全球仍有将近 8 亿人处于食物严重匮乏的境地。由于我国耕地面积偏少而人口偏多[2]，2014 年的国内人均耕地面积不到世界平均水平的 40%。有赖于农业工作者的努力，中国目前是世界第一产粮大国，基本能实现粮食的自给自足，但每年进口的粮食总量也在逐年升高，大有成为世界第一粮食进口国的趋势。作为一个城市化势头异常迅猛的发展中国家，未来的耕地面积很可能还将逐年减少，而随着居民生活水平的提高，人均粮食消耗量则是逐年增高——粮食消耗量的增加并不会直接体现为每顿多吃几碗饭，而是体现在饮食结构的改变上，因为肉类和蛋奶的产出都需要粮食作为饲料来转化，一公斤肉类相当于好几公斤的粮食消耗量。中国传统的饮食结构是以米面为主（"主食"），菜肴的主要功能是"下饭"，每顿饭蛋白质和膳食纤维的摄入相对较少。这种饮食习惯有助于历史上以较少的耕地面积养活大量的人口，但不太符合现代营养标准，现代城市居民追求的是更合理的膳食结构，那么人均的粮食消耗量在未来无疑还会继续升高。同时，退耕还林和种植经济作物的需求还可能降低用于粮食产出的耕地面积。我国想要在未来维持住粮食生产的安全红线，显然还需要更多的努力；而在世界范围内，想要彻底消灭饥荒也并不乐观。

---

1. 联合国粮食及农业组织（FAO）网站数据。
2. 此处世界和中国的人均耕地数据均根据联合国世界人口展望 (WPP) 的人口数据算出。

据中国农科院食物政策创新团队分析，到 2020 年我国需要保证人均 500 公斤的粮食消费（世界银行的估计则是 479 公斤）。作为比较，目前发展中国家的人均粮食消费水平为每年 173 公斤，与欧盟国家每年人均浪费的粮食（179 公斤）持平。

这是一组简单的对比数字：全球每年有 1 000 万公顷的耕地退化和抛荒；同时，全球每年增长的人口需要用 500 万公顷的耕地来养活。这 1 500 万公顷的缺口大多数都需要用森林面积的损失来弥补：全球每年采伐的森林面积，有 60% 用于开垦耕地。全球森林面积占陆地面积的比例，从 1990 年的 31.801% 逐年下滑到 2015 年的 30.825%。[1] 实际上，即便有心想要保护森林，还有另一个令人沮丧的事实：基于气候、土壤、地形等因素，全球的其他陆地面积中，有大约 23% 根本无法用于耕种、放牧和造林。同时，由于森林和植被的损失，土壤流失还在加剧。土壤流失和耕地退化都会导致同一个结果：减产。

热带雨林主要分布在南北纬 10° 之间。全球近 1/3 的热带雨林在巴西境内，刚果和印度尼西亚各占约一成。世界最大的热带雨林是亚马孙热带雨林，最古老的原始雨林则位于马来西亚，早在 1.3 亿年前就已形成。热带雨林包含了世界上 40% ~ 75% 的物种，咖啡、可可、香蕉、芒果、番木瓜、牛油果和甘蔗等植物最初都来自热带雨林。

在地质史上的温暖时期，热带雨林在除两极附近地区外所有的陆地基本都有分布。而现在，主要是由于木材采伐和农业垦荒，大片的原始雨林遭到破坏。西非的热带雨林已经被破坏了 90%，马达加斯加也损失了三分之二。按照世界自然基金会（WWF）在 2007 年的一份报告估计，到 2030 年，亚马孙雨林将会有至少 60% 遭到严重破坏或彻底消失。虽然人们也在积极植树造林，但人工林无法取代原始雨林作为物种栖息地和基因多样性宝库的作用。

---

1. 世界银行数据。在全球下降的趋势中，也有少数国家的森林覆盖率不降反升，例如中国从 1990 年的 16.7% 上升到 2015 年的 22.2%，但仍低于世界平均水平。

于是，显然地，由于耕地的减少，我们必须提高耕地的产出。这似乎是理所当然的事情：农业技术在不断发展，不断地有新的、更好的作物品种被培育出来，产量当然也会节节升高，以过去十几年中国的情况来看简直天经地义。但是，农业的产量并不仅仅由良种和耕地面积决定。不管科技如何发达，要提高耕地的产量都需要水和肥料作为物质基础：作物并不能无中生有地产出粮食，它们需要从土壤中获取物质原料，从阳光中获取能量，再利用能量把吸收的养分合成为收获。

水是生命之源。没有水就没有生命，也就没有人类。但目前水资源的现状并不乐观。地表的水资源总量约为 13.8 亿立方千米，其中 97.5% 是咸水（13.43 亿立方千米）。淡水只占 2.5%，其中绝大部分为极地的冰雪和冰川，容易被人类利用的仅为 0.01%。20 世纪 50 年代以来，全球人口急剧增长，工农业发展

图 1-5　因种植大豆而遭砍伐的巴西热带雨林

图片来自新华社 / 路透社 /Paulo Whitaker

迅速，工业用水和灌溉用水的总量迅速增长。一方面，人类对水资源的需求以惊人的速度扩大；另一方面，因工农业排污而日益严重的水污染却又蚕食着大量可供消费的淡水资源。水资源危机不仅仅造成生态系统恶化和生物多样性破坏，水在农业中的作用决定了缺水将在根本上威胁人类的生存。"地球上最后一滴水，也许会是人类的眼泪"，这句话或许偏于煽情，但我们已经开始体会到它的深意。

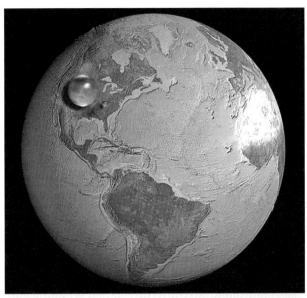

图1-6 地球上的水

图中最大的水珠代表地球上所有的水，第二大的水珠代表所有的液态淡水，最小的水珠代表湖泊和河流里的水。图片来自 Howard Perlman, USGS; globe illustration by Jack Cook, Woods Hole Oceanographic Institution (©); Adam Nieman.

实际上，全球的化肥产量从1989年就开始持续下滑，而消费量则在不断增长。根据FAO的数据，从2002年到2014年，全球化肥消耗量从1.44亿吨上升到1.93亿吨，增加了34%，而谷物总产量则从20.3亿吨增加到28.2亿吨，增加了39%。中国在本世纪一直是头号化肥消耗国，而印度则从2008年起反超美国，成为世界第二。

现代农业建立在化肥的基础上，而化肥也并不是从天而降的：它的产量依赖于化石能源[1]的储备。从这个角度来看，现代农业所支撑的庞大人口数，建立在对化石能源的迅速消耗上。一旦地球所储备的化石能源衰竭，农业产出将会锐减，人类就会受到大面积饥荒的威胁。

农业并不是化石能源的消耗大户，它一般只占全部消耗量的3%左右，目前化石能源更多的还是用作燃料，其中石

---

1. 化石能源是地球历史上对太阳能的储藏，是地球留给人类生存的财富，来自古代物种捐躯的贡献。煤、石油和天然气是三种最基本的化石能源。

油制品主要用于交通运输，煤炭主要用于发电和取暖[1]。它们是现代社会的支撑能源，也是我们所习惯的现代城市生活方式的基础。我们一方面承受着化石燃料大量使用而造成的二氧化碳过度排放、雾霾、酸雨、热污染等环境问题，另一方面还要不得不面临化石燃料存量消耗殆尽引发的能源危机。2012 年，全球能源消费为 5.79×10^{17} 千焦，相当于 198 亿吨标准煤，而这个数据到 2020 年预计将增加 14.6%，到 2040 年将增加 48%[2]。所有化石能源贡献的能量都首先表现为热能的形式，然后再通过热机转化为其他形式的能量。但是，假如我们还能记得起一点儿物理课本，热机的转换效率是有极限的，这个极限由热机工作的温度决定，但总之离 100% 还远得很。效率高的热机在理想情况下大约会浪费三分之一强的热量，效率低的则浪费得更多。这些浪费的热量，加上燃烧化石能源释放出的温室气体，都是全球变暖的重要因素。低效率的能源利用不单单造成热量的浪费，不完全燃烧所产生的

图 1-7 雾霾下的北京奥林匹克公园

图片来自 China Daily/Reuters

---

1. 不同化石燃料的消耗占比依各国的能源禀赋而有所不同。如我国缺乏天然气而有较多的煤炭资源，发电和取暖就不得不更多的依赖煤炭，由此带来了冬季严重的雾霾问题。

2. 国际能源展望（IEO）2016，美国能源信息署。

污染物更是会直接影响人们的健康。最近几年我国许多地方深受雾霾之苦，原因不仅仅是工业生产和取暖、发电过程中消耗了大量燃煤，更是因为在煤炭燃烧和利用的过程中过于粗放和低效。

地球的能源危机带来的问题是全方位、多层次的。能量本身只是其中的一方面。汽车没油了我们可以寄希望于太阳能，工厂没电了我们可以寄希望于核能；可是化工厂一旦没有了原材料，却无法简单地用另一种物质代替。化石能源提供给我们的不只是化肥、燃料和电力。全世界每年石油产量的 4% 用于制造塑料，想象一下把塑料、人造纤维和其他来自石油的化工原材料排除出我们的生活：大多数的电子产品和成衣将不复存在，还有我们用惯了的清洁剂、洗涤剂和黏合剂，甚至包括浴室拖鞋也必须用另外的材料制造。我们的生活将会彻底改头换面，不受影响的或许只有美食业而已——但假如无法方便地从世界各地获取新鲜食材，饮食业的面貌想必也会有所不同。在全球化的大趋势下，我们正处于骑虎难下的境地：所谓的"全球化"建立在大规模的交通运输体系之上。"全球化"意味着我们的工业有可能是为地球对面的市场生产，我们享受着来自全球各地的商品，却常常忽略这样的便利是以能源的大规模消耗为代价的。同时，一旦这个把全球各个角落联系到一起的大规模交通运输体系不再运转，世界各国的工业和市场，有一大部分都会濒于崩溃。

人口快速增长、城市化后生活水平的改变和高消费率，这都是影响能源消费的主要因素。发达国家的化石能源消费量占全世界的 70%（而这些国家的人口占全世界的 15%），其国民的生活形态和生活水平都建立在对各种资源的高占有和高消费上，人均消耗量是发展中国家的 9 ~ 12 倍[1]。具有讽刺意味的是，全世界大多数人都向往这种生活方式：宽大舒适的住宅、华服美食、私家汽车甚至私人飞机，住所需要冬暖夏凉，最好有温水室外游泳池，闲暇时去全球各个风景胜地旅行。这是许多人从小就羡慕

---

1. 以美国为例，美国的人口只占世界人口总量的 5%，却消耗世界 25% 的商业资源，排放 25% 的温室气体。

并拼命追求的美妙理想，但不幸的是，人类对这种理想的追求只会加速能源的过度消耗和资源的不合理使用，而全球的可利用土地面积、出产粮食总量、钢铁和其他金属蕴藏量乃至能源总量都是有限的。以 2014 年的探明储量和消费量[1]估算，世界煤炭储量还可供消费 139 年，石油 49 年，天然气 57 年。固然后两者的探明储量其实历年来都是在不断增加的，增加速度甚至有时还会超过消耗量的增加速度，但增加部分的开采难度通常都更高，需要的开采技术和开采本身的成本也更高。因此，不管我们是不是乐意承认这一点，都有一道能源的天堑横亘在我们眼前。

　　而且，困难还不止于此。

1.4　温室中的地球

　　化石燃料的大规模使用有另一个后遗症：自然环境的恶化。由温室效应导致的全球变暖是其中一个典型的后果。地球大气中含有一部分温室气体，除了我们所熟知的二氧化碳（CO_2）之外，主要还有水蒸气、甲烷、一氧化二氮（N_2O）和臭氧。和我们常有的印象不同，温室气体其实并非一定是洪水猛兽，少量温室气体的存在和恰当的温室效应对人类有益，正是它们保证了地球表面的温度，使得生命能够在地球上舒适地生活。如果完全没有温室效应，地球表面的平均温度将从现在的 15℃下降到 –18℃。二氧化碳还有另一个重要的作用：生命体内所需的碳元素，归根到底都是来自植物从大气中吸收的二氧化碳。二氧化碳在大气、生命体、海洋和地壳之间的循环，是地球得

　　地球大气中产生温室效应的主要气体是水蒸气和二氧化碳，水蒸气所产生的温室效应占总体效应的 60% ~ 70%，二氧化碳占大约 26%。但就单个分子而言，甲烷产生温室效应的能力远远超过水蒸气和二氧化碳，只是因为含量少而显得并不突出。温室气体的表现随年份和季节变化，有 5% ~ 10% 的温室效应是由甲烷气体导致的。

---

1. 美国能源信息署（EIA）网站数据。

以维系生命繁荣的重要因素。

然而，过多的温室气体和过强的温室效应，则会给地球带来气候灾变。工业时代以来，主要是化石燃料的大规模使用，使大气中二氧化碳的含量增加了40%，从1750年的280ppm增加到2015年的398ppm（WMO数据，1ppm代表占气体体积的百万分之一）；从饲养牲畜的粪便发酵、污水泄漏、稻田粪肥发酵等过程中，还产生了大量的甲烷。[1] 温室气体的总量增加了，而由于植被减少和海水酸化，二氧化碳和其他温室气体在大气中停留的时间却又越来越长，由此加剧的温室效应让地球的气候发生了改变：根据NASA和NOAA的数据，2016年成为自1880年有气象记录以来最热的一年，而21世纪已有的16个年头，全部跻身于史上最热年份的前列，前17名里唯一的例外是1998年。1880年以来，全球平均温度上升了0.85℃，主要发生在过去30年间。[2]

从1993年开始，地球海平面一直在以每年将近

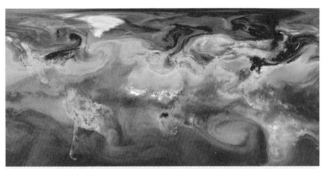

图1-8 地球的陆地和海洋目前能吸收一半左右的来自化石燃料的碳排放。NASA使用超级计算机模拟了假如吸收能力下降之后的二氧化碳分布。红色为高浓度，蓝色为低浓度

图片来自 NASA/GSFC

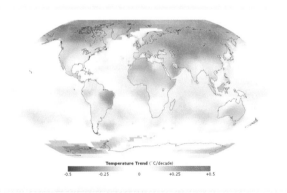

Temperature Trend (°C/decade)

-0.5   -0.25   0   +0.25   +0.5

图1-9 1950—2014年间的温度变化趋势

图片来自 NASA/GISS

---

1. 甲烷含量在2014年达到了历史新高：1.83ppm，其中约40%来自自然排放（微生物分解等），60%来自农业、畜牧业和化石燃料的排放。数据来自世界气象组织（WMO）。

2. 温度上升带来的另一个后果是冻土的融化，让原本封存于冻土中的有机碳以温室气体的形式排放出来，这又加剧了温室效应。

3 毫米的速度缓慢上升，并且上升的速度从 1995 年开始逐年增加 [1]。这其中有不少来自南北两极冰川的"贡献"：2012 年，一群科学家综合 NASA 和 ESA 的观测数据估算，从 1992 年到 2012 年，南极洲和格陵兰岛的冰川融化总量足以使海平面上升 11.1 毫米，而且目前的融化速度是 20 世纪 90 年代的三倍。这其中三分之二的"贡献"来自格陵兰岛。2007 年，格陵兰岛冰川的消融量达到历史顶峰，海拔 2 000 米以上的融化量比长期平均值高了 150%，融化期比过去 19 年的平均值长了 25 ~ 30 天。这些都是地球对我们提出的警告。

温室效应导致的全球变暖使得极端天气灾害发生得越来越频繁，冬季的雪灾、极寒天气，夏季的持续高温和洪涝灾害，都与全球变暖有一定关系。根据统计 [2]，工业时代以来大约 18% 的天气灾害要归咎于温度的明显升高，而如今这个比例升高到了 75%。气温每升高 2℃，受到极端天气影响的人数就会增加 40%。假如温度继续升高，海平面的上升会令低海拔的海岸城市面临被淹没的危险，更多的土地将会沦为荒漠，而更多的气候灾害也将会接踵而至。有科学家分析认为，地球大气中二氧化碳极限含量为 450ppm，超过这个数值，温室效应将会不可遏制。遏制温室效应的关键是控制温室气体的总量，这一方面需要尽量减少温室气体，主要是二氧化碳的排放量；另一方面需要尽量增加从大气中固定二氧化碳的量，主要依靠森林的作用。在保障人们生活水平的前提下，理性发展、科学减排和保护森林、净化海洋必须双管齐下，才能把地球从狂奔向炎热的不毛之地的不归路上扭转过来。在各方面的共同努力下，2015 年成为多年来第一个

1. Watson,C.et al,Unabated global mean sea-level rise over the satellite altimeter era, Nature Climate Change 5, 565-568 (2015) doi: 10.1038/nclimate2635.

2. E. M. Fischer; R. Knutti (27 April 2015). "Anthropogenic contribution to global occurrence of heavy-precipitation and high-temperature extremes"(online). Nature Climate Change. 5: 560-564. Bibcode: 2015NatCC...5..560F. doi: 10.1038/nclimate2617.

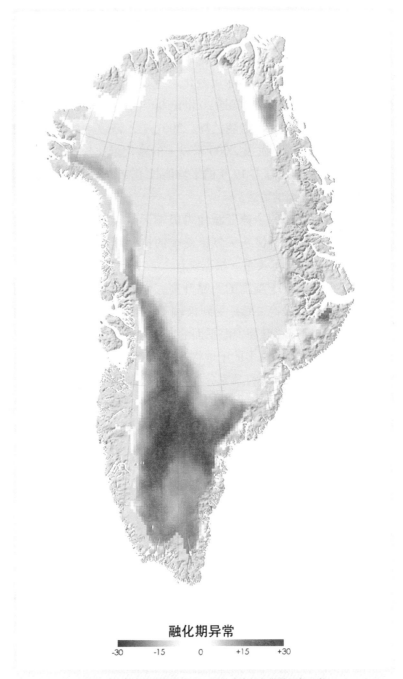

融化期异常

-30　　-15　　　0　　　+15　　　+30

图1-10　2007年格陵兰岛冰川的异常融化，颜色代表融化期的延长天数

图片来自 NASA/Earth Observatory

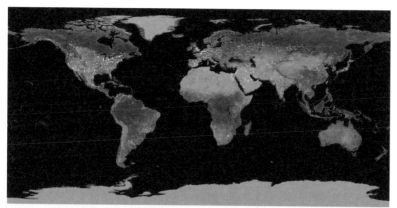

图 1-11　当海平面升高 6 米后，图中的红色地区将会被海水淹没。300 万年前，当全球平均气温与现在相近时，海平面比现在高出约 20 米

图片来自 NASA

在经济增长的同时成功地减少了碳排放总量的年份[1]，全球的碳排放总量比 2014 年减少了 0.6%，这是一个可喜的开端，但环境的平衡依然岌岌可危，而维系它比打破它要难上许多倍。

1.5　开源还是节流

不管是从能源储量本身，还是从能源使用的后续结果来看，传统化石燃料都终将退出历史舞台（但作为化工原料的角色还会持续更长一段时间）。在那之前，让我们先来清点一下可能对人类提供帮助的后备能源。

我们有许多种选择：氢、太阳能、生物能源、水能、风能、地热能、可燃冰、核能，这些大概是目前被讨论得最多、也最被寄予厚望的后备能源。已经有一些基于它们的产品被开发出来，世界各国也对新能源的开发和利用投入了巨大的资金支持。人类正在为自己的存续而努力。这些新型能源各有利弊，绝大多数需要新技术的支持，其中一些尝试已经遗憾地宣告失败。但毋庸置疑的一点是，人类必须在不远的未来实现能源技术和能源结构的

---

1. 2009 年的碳排放也比 2008 年和 2010 年低，但伴随着全球的经济下行。

改朝换代。

比如彻底掌握**核聚变产能技术**。

人类试图利用的核聚变产能与太阳内部的产能方式相似，它的原料是氘和氚——氢的同位素兄弟——分别比我们常见的氢原子多出一个和两个中子。氘大量存在于海水中，氚可以利用锂生产出来。核聚变的好处是产能率高、占地少、不污染环境，既不会带来雾霾、酸雨和温室效应，也不会产生危险的高放射性核废料。有了这么多好处，坏处则只有一句话：人类还没有掌握相关的技术。我们平时所熟知的"核电站"利用的都是重核裂变，虽然技术已经臻于成熟，但效率和原料的丰富程度都远远不如聚变，而且历史上曾经发生的事故也让公众对这一技术缺乏信任——虽然发生事故的核电站，不管是切尔诺贝利核电站还是福岛核电站，采用的技术都相对陈旧，与现代技术不同，但数学上来说，任何系统的事故风险都不可能为零，而一旦发生事故，污染的控制和处理就是一个无法完美解决的问题。福岛核电站的泄漏事故发生在 2011 年，至今还基本处于放任自流、等待污染物自行衰变的状态。长久看来，重核裂变产能技术被人类放弃只是迟早的问题。

乐观来讲，只要人类彻底掌握了核聚变技术，能源本身就不再是一个问题（不过，在我们演化到只靠日月精华就能生存之前，粮食问题还依然存在）。2007 年 10 月 24 日，国际热核聚变实验堆（ITER）组织正式成立，其成员包括中国、欧盟、印度、日本、韩国、俄罗斯和美国。这是目前全球规模最大的科学工程项目之一，其结果将在很大程度上决定人类能否及时掌握使用聚变能的技术。ITER 运行第一阶段的目标是建设一个能产生 50 万千瓦聚变功

可燃冰的学名是天然气水合物，是水和天然气在低温和中高压下形成的形似冰雪的物质，大量天然气分子储存在水冰的笼型结构中。它可以被看作是被高度压缩的天然气资源，在大陆架和永久冻土带中广泛存在。可燃冰很有希望取代传统能源，但它本质上还是一种化石能源。人类关于勘探和开采可燃冰的技术还很不成熟，也缺乏对大量甲烷气体排放后引起温室气体增加的处理经验和措施，目前有多个国家，包括我国，正在研究勘探和开采可燃冰的方案，相关技术也取得了一定的进展。

率、并且有能力维持大于 400 秒氘氚燃烧的托卡马克（Tokamak）
聚变堆，预计将在 2019 年建成。2016 年 11 月，中国的 EAST（先
进超导托卡马克实验装置）首先实现了分重量级的持续运行。目
前国际上的主流看法是，聚变能商业化应用可能在本世纪中叶或
稍晚实现。但实现商业化只是最初的第一步，可控核聚变要广泛
应用并取代传统能源必然还需要更多的时间。由此看来，化石能
源消耗殆尽和新能源技术的起而代之之间，将很可能存在长达几
十年的过渡期。

我们正面临着关乎人类存续的一个巨大关卡，这是地球向我
们提出的艰难考验。因为有了地球的丰沛物产，我们才得以在这
个星球上出现，并一代代繁衍生息，发展出令我们引以为豪的现
代文明。当地球资源消耗殆尽和环境恶化时，人类首先需要克制
自己的欲望，并尽量约束自己的行为，把更多的精力和资源投放
在科技的改进和提高上。但我们面临的事实是，人口爆炸、环境
污染、物种消失、资源匮乏……这种种趋势并非一人，乃至一国
的努力所能减缓乃至改善的。人类不得不正视这样的可能性：当
地球人口越来越多、生存空间却越来越少的时候；当工业的低效
能发展失去控制、水资源（和地球环境）遭受严重破坏、化石能
源消耗殆尽的时候；当现代文明的发展使得越来越多人有机会提
高生活水平，人类对资源的人均需求越来越多越来越多的时候；
归根究底，当地球可能再也无力支持人类以想要的方式生存的时
候——

我们该怎么办？

这其实只需要借助一点点最简单的生活智慧：一件东西不够
开销的时候，所能做的无非是开源和节流。既然资源的消耗速度
就像失控的火车一样在通往衰竭的轨道上呼啸飞驰，我们无法控
制，那就不得不去设法发掘出更多的生存空间和生存资源。改进
资源的勘探和开采技术有一定效果，但是治标不治本，因为地球
本身的资源储备无论如何也有其上限；向新型能源寻求出路也是

可行的方式，但缓不济急，而且谁也不能说一定就会成功。既然地球无法向我们提供更多，我们就只能掉转目光、望向太空。夜空中那些穿梭于恒星背景之间，或明或暗的亮点，其实都是我们所匮乏的生存空间和生存资源。随着空间科学和空间技术的发展，从前的种种向往已经变成了并非伸手可及、但能看清实际努力方向的可能。

我们并不是贪婪，但为了生存，必须要获取这些来自空间的资源：来自小行星的各种金属，来自月球的氦-3、铁、钛和稀土元素，来自彗星的淡水，来自其他天体的其他任何我们所必需和能取得的生存物资。

地球供养了人类几百万年，弱小的人类在这颗温暖舒适的星球上繁衍生息、发展壮大。然而，当地球不再能够承受人类发展之重的时候，后续的生存机会，就需要人类运用这几百万年间获得并逐渐积累起来的智慧，从环境相对险恶、却更为广阔的宇宙空间中获取。

另一方面，地球本身所处的空间环境也难以称得上高枕无忧。虽然近地小天体对地球形成威胁的概率并不大，但一旦有足够大的小天体袭击地球，我们能采取的对策并不多。想想6 500万年前恐龙的遭遇，人类很有必要未雨绸缪。

我们需要再造一个地球。

第二章

空间梦想

若然者，乘云气，骑日月，而游乎四海之外，死生无变于己。

——《庄子·齐物论》

人类对空间旅行的梦想始于远古时代。几乎所有民族都流传过关于月亮、星辰和神祇的故事。尤其是月亮，与现代都市被明亮灯光照耀的星空不同，在工业文明之前的时代，月亮作为距离地球最近的大型天体，是夜空的绝对主角。

假如你有机会在深山、草原或天文台之类远离城市的地方观察过星空，想必会有相同的感受：巨大神秘的漆黑天幕上，明亮的星光仿佛随时会扑面流泻而来，人类和与人类相关的一切存在，在宇宙巨大的空间和时间尺度下显得如此渺小。我们往往陶醉在所谓的现代文明中，以为自己真的就是这个星球的主人，只有在与自然对视的时候，才能体会到真正的敬畏——但人类的妄自尊大其实只是最近这短短一两百年的事儿，在先民的眼中，明亮、皎洁、仿佛伸手可及的月亮是如此的纯净和神秘，由此派生出的神话和梦想引发了无尽的遐想与向往。我们的祖先认为月亮和月亮所在的天空是神居住的地方，不管是东方还是西方，都曾经有人不惜付出生命，也要尝试飞天的梦想……

万户飞天的壮举虽然未能成功，却是人类迈向太空的肇端。

2.1 空间时代的曙光

一百多年前，人类的飞天梦想终于出现了实现的曙光。1897年，俄国人齐奥尔科夫斯基写下了他那著名的火箭方程，并在随后的1903年发表了伟大的《利用火箭工具探索宇宙空间》，这篇论文为他赢得了"空间旅行之父"的美誉。20世纪20年代，科学界开始从纸面研究转向实际制造火箭的尝试。到30年代，希特勒甚至制定了详尽的太空殖民计划，企图实现"雅利安人对世界和宇宙的统治"。纳粹德国的火箭研制成果在此后的战争中展现出来：V1飞弹可以说是火箭的雏形，而V2飞弹已经是真正意义上的燃料火箭。在战争年代，科学的发展往往会直接转化为武器杀伤力的发展；但不能否认，当时的德国在航空航天的相关技术上的确走在世界的前列。

接下来是真正划时代的一刻：1957年10月4日，"斯普特尼克1号"进入地球轨道。以今天的眼光看来，这颗卫星简单得近乎原始。它携带了两台无线电发报机，不断地向地球发回单调的"哔——哔——"声音，信号听起来和坏掉的收音机差不多——仅此而已，我们现在所熟知的卫星的种种功能几乎都与它无关。

斯普特尼克（Sputnik）来自于俄文Спутник，意为"人造卫星"。斯普特尼克1号的成功发射直接导致了美国国家航空航天局，也就是大名鼎鼎的NASA的成立。全世界的各个博物馆中总共有几十个斯普特尼克1号的1∶1比例复制品。1997年11月10日从和平号空间站上发射了"斯普特尼克40号"，这是由学生们制造的1∶3比例的复制品，以庆祝斯普特尼克1号发射40周年。

但这并不妨碍斯普特尼克 1 号在人类历史上的里程碑地位：第一次有人造的物体进入环绕地球的轨道，空间时代的大幕因此而拉开。

这个时代是在美苏争霸的大背景下开始的，航天竞赛其实与军备竞赛紧密相连：运载火箭本质上是从导弹武器转化而来的，航天技术的发达实际上代表着军事力量的发达，同时这些技术也有可能在军事上加以利用。因此，在冷战背景下，美苏两国的航天竞赛可以说是如火如荼。在激烈竞争的推动下，航天史上的大事件在随后的年头接踵而至：1958 年，美国和苏联相继发射了 7 枚月球探测器，均告失败。1959 年 1 月，苏联的"月球 1 号"飞向月球，它是人类历史上第一个飞向其他天体的飞行

图 2-1 "空间时代的曙光"，在轨道上飞翔的斯普特尼克 1 号，Gregory R. Todd 为纪念斯普特尼克 1 号发射 50 周年而创作

载人航天的第一步原本可能在更早之前就迈出：苏联原计划在 1960 年 12 月就进行首次载人航天行动，但 1960 年拜科努尔发射基地的军用火箭爆炸事件导致 200 余人遇难，发射计划被迫推迟。人类的太空首演也并不顺利：1960 年 5 月—1961 年 2 月间的 4 次无人飞行试验只有一次成功，而且那个时候人们

图 2-2 为纪念人类进入太空 50 周年，乌克兰在 2011 年发行的以加加林为主题的邮票

对失重状态下人体会受到什么样的影响几乎一无所知。加加林乘坐的"东方 1 号"倒是顺利地发射并进入轨道，但过程中也是险象环生。基本上加加林不需要做任何事，飞行器是全自动控制的，他只需要爬进太空舱门，把自己固定在座椅上，然后等待一阵猛烈的推力把自己送进太空，保持神志清醒地绕着地球飞行若干圈，其间和地球方面通通话，再返回地球告诉大家自己的经历。他需要克服的是剧烈的超重和快速的旋转给身体带来的负担，孤身一人前往从未有人涉足的太空、很可能无法生还的心理压力，还有第一次执行载人飞行的太空舱天知道会不会有的任何缺陷——缺陷确实存在，最大的危险发生在返回时，座舱与设备舱原本应该在 10 秒钟之内分离，结果却花了整整 10 分钟。这 10 分钟内加加林随着座舱经历了足以致命的高速旋转，最后被弹出座舱，凭借降落伞的帮助才安全落地。

图2-3 阿波罗8号的乘员是史上首次在月面附近目睹"地出"奇观的人类。这张著名的"地出"照片由比尔·安德斯拍摄于1968年圣诞前夜的阿波罗8号飞船上

图片来自 NASA/Bill Anders

  1968年圣诞前夜，"阿波罗8号"向地球进行了第四次电视直播，创造了当时的全世界观众人数纪录。"阿波罗8号"的3位航天员——安德斯、洛威尔和伯曼——朗诵了《圣经·创世纪》里的段落，并向地球上的所有人祝圣诞快乐。这后来还导致了一个小小的法律纠纷：NASA因此被无神论者起诉，要求法庭禁止身为公务员的美国航天员公然在太空任务中进行宗教活动。后来的"阿波罗11号"航天员奥尔德林在登月后进行了基督教的圣餐礼，也因为这个原因而没有声张。

图2-4 登上《时代》封面的航天员

器；1959 年 10 月，"月球 3 号"传回史上第一张月球背面的照片；1961 年 4 月，尤里·加加林成为第一个进入太空的地球人；1965 年 7 月，"水手 4 号"发回的火星照片是人类第一次近距离拍摄其他行星表面；1966 年 2 月，"月球 9 号"成功地在月球表面着陆，用一台电视用的摄像机第一次拍下了月面的环景图片；1968 年 12 月，"阿波罗 8 号"成为第一个围绕其他天体飞行的载人飞船，其乘员成了当年的《时代》杂志年度封面人物。

然后就是我们大家都已经耳熟能详的那段话：

"这是个人的一小步，却是人类的一大步。"

2.2　人类的一大步

"阿波罗 11 号"，1969 年 7 月 16 日从卡纳维拉尔角发射升空，搭乘的是"土星 5 号"火箭。在发射当天，肯尼迪航天中心附近的海滩和高速公路上挤满了观众，还有几百万人通过电视目送了重达 2 950 吨的火箭和阿波罗飞船冲入云霄。

"土星 5 号"火箭是 NASA 专门为了阿波罗系列飞船而研制的，此前的火箭基本都是从军用导弹修改而来，但这些火箭的推力不足以将巨大的载人飞船送到目的地。直到现在（2017 年），"土星 5 号"依然是人类使用过的最大、最重、运载能力最强的火箭。它共有 3 级推进器，足够把 118 吨的载荷送上环绕地球的近地轨道；如果乘客要去月球的话，限重则是 46 吨。两

图 2-5　阿波罗 11 号发射前由发射塔相机拍摄的景象

图片来自 NASA

　　"土星5号"的总工程师沃纳·冯·布劳恩也是V1和V2火箭的总设计师。"二战"后冯·布劳恩移居美国，担任NASA空间研究开发项目的主设计师。土星系列火箭几乎都是为阿波罗系列飞船服务的。1967—1973年间，NASA一共发射了13枚"土星5号"火箭，虽然在发射"阿波罗6号"和"阿波罗13号"时曾经出现过推进器失灵的状况，但飞船本身都没有损失。"土星5号"的最后一次发射是将"天空实验室号"空间站送入太空，此后它便退出了历史舞台。

图2-6　人类的一大步

　　阿姆斯特朗的右脚首先踏上月面厚厚的尘土。然后他说了那句著名的话："That's one small step for (a) man, one giant step for mankind." 图片来自NASA

者重量的差别是因为所需速度的不同：在地球附近作匀速圆周运动而不落回地面，需要达到**第一宇宙速度**（7.9千米/秒）；要前往月球，则需要超过第一宇宙速度，以进入超月球轨道[1]。一旦飞船超过第二宇宙速度（11.2千米/秒），就能摆脱地球引力的控制[2]，飞向别的行星——这时飞船受到太阳引力的主宰，沿着以太阳为焦点的椭圆轨道航行。

　　"阿波罗11号"首先进入了环绕地球的轨道，然后"土星5号"火箭的最后一级点火，使飞船的速度超过11千米/秒，开始飞向月

---

　　1. 超月球轨道指的是远地点超过月球的绕地轨道，这样的轨道非常扁，此时飞船的速度已经与第二宇宙速度接近。苏联第一个发射成功的月球探测器"月球1号"就是因为速度太快，超过了第二宇宙速度而脱离了地月系统，直接从月球身边飞了出去。

　　2. 此时飞船仍然会受到来自地球的引力，但地球不再是其轨道的焦点。

球。在这个过程中，由于飞船距离地球越来越远，地球对飞船的引力愈来愈小，直到达到临界点：月球和地球的引力相互抵消，随后飞船进入以月球为主的引力场空间。"阿波罗11号"在奔月轨道上花了三天半的时间，然后进入环月轨道，登月舱"小鹰号"从飞船分离，7月20日降落在月面的静海。

尼尔·阿姆斯特朗和埃德温·奥尔德林在月面逗留了21小时36分钟，他们采集了总共21.55千克的月壤和月岩样本，在月面上插上美国国旗拍了照，然后在月面上安装了月震仪和一个激光反射镜，后者是用来精确测量地月距离的。在月面活动的大部分时间，相机在阿姆斯特朗手里，所以奥尔德林留下的照片远

图2-7　从奥尔德林的头盔倒映出了阿姆斯特朗的身影，两位航天员以这样的方式完成了一次"合影"

图片来自 NASA

在"阿波罗 11 号"带回的月岩样本中，发现了三种新矿物，分别被命名为阿姆阿尔科林月石、静海石和三斜铁辉石。阿姆阿尔科林石是一种镁铁钛矿，它的命名综合了阿姆斯特朗、奥尔德林和科林斯三位航天员的名字。

比阿姆斯特朗本人多。"小鹰号"携带了两台摄像机，一台架设在"小鹰号"上，另一台架设在月面上。全球共有 6 亿人通过电视直播见证了人类历史上的首次登月事件，这是当时世界人口的 1/5。航天员返回地球之后，被当作整个人类的英雄而受到了狂热的欢迎。

阿波罗系列飞船在人类的对月探索行动中占据举足轻重的地位。在"阿波罗 11 号"的两位航天员登上月球之后，又有 18 位航天员在 6 次阿波罗行动中飞向月球，但只有 12、14、15、16、17 号登陆月球，每次两位总共 10 位航天员踏上了月面。

1972 年发射的"阿波罗 17 号"是最后一艘阿波罗飞船，它也是整个系列里唯一在夜间发射的飞船。登月舱驾驶员哈里森·施密特是一位地质学家，这也是目前登上月球的唯一科学家而非飞行员出身的航天员。"阿波罗 17 号"的指挥官尤金·塞尔南在本书修订期间刚刚去世，他是迄今最后一位登上月球的地球人。尤金·塞尔南有捷克斯洛伐克[1]血统，因此他把一面捷克斯洛伐克国旗留在了月面上。这是继美国国旗之后，第二面被航天员留在月面上的国旗。留在月球上的"阿波罗 17 号"纪念牌题词为："人类完成了对月球的第一轮探索。公元 1972 年 12 月。愿我们带来的和平精神与全人类同在。"

图 2-8 "阿波罗 17 号"的纪念牌，固定在登月舱的下半部分

图片来自 NASA

---

1. 捷克斯洛伐克已于 1993 年 1 月 1 日分裂为捷克和斯洛伐克两个独立的国家。

　　阿波罗系列行动留在月球上的东西可不光是脚印、回忆和科学仪器而已。在完成月面探索任务、离开月球之后，登月舱的下半部分（主要是推进器）被抛弃在月面上。同样被弃置在月面上的还有后三次阿波罗行动携带的月球车，不过理论上，由于常年经历月面的巨大温差，并完全暴露于太空的辐射环境中，估计它们很难再派上用场。其他的纪念品包括纪念牌、国旗、航天员徽章，还有阿兰·谢泼德（"阿波罗14号"的指挥官）留下的两只高尔夫球。很可能还难以避免地留下了一些细菌[1]，不过在月面的恶劣环境下，还不知道它们能存活多久。

---

　　1. "阿波罗12号"把"勘测者3号"三年前留在月面的相机带回地球，检测发现其上带有若干链球菌。这些细菌有可能是在月面的艰苦环境下存活了将近三年，但更可能是因为并不严格的检测环境带来的（当时的检测人员甚至穿着短袖的手术服）。

阿波罗计划总共探测了月面6个不同的区域，前后有12位航天员登上月面，50多种科学仪器被安放在了月面上。

　　苏联的"月球"（Luna）计划与美国的阿波罗计划几乎同步进行。苏联的第一颗月球探测卫星"月球1号"也是世界上第一颗月球探测卫星，在1959年发射升空，但它没能进入绕月轨道，仅仅是飞掠过了月球。同年发射的"月球3号"获得了首张月背[1]照片，地球上的人类终于看见了月球的另一面。"月球15号"是一次和"阿波罗11号"时间重合的行动，它比"阿波罗11号"先发射三天，原本计划争夺在人类

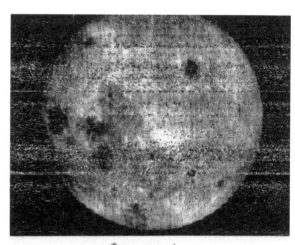

图2-9　首张月球背面图，下方俄文意为"1号照片"

图片来自 The Soviet Lunar Program

---

　　1. 月球的自转周期和公转周期相同，总是用同一面朝向地球，因此地球上的人们只能看到月球的正面，直到进入空间时代，才有了一窥月背真容的机会。

图 2-10　"阿波罗 11 号"带回的月岩样本

图片来自 NASA

历史上首次采集到月球样本的荣耀，却遗憾地失败了。太空竞赛的残酷和温情都同时在这次行动中体现出来：为了避免与"阿波罗 11 号"碰撞，苏联方面事先公布了"月球 15 号"的飞行计划；而当"月球 15 号"着陆失败，坠毁在月面上的同时，阿姆斯特朗和奥尔德林正在月面上的另一处活动。后续的"月球 16 号""月球 20 号"和"月球 24 号"这三次不载人登月共采集了 0.321 千克的月球样品。

美国的阿波罗计划和苏联的月球计划总共获得了 382 千克的月壤和月岩样品，直到如今它们仍是人类仅有的直接从月球上采集到的样品，是研究月球组成、地月系统，甚至太阳系起源的珍贵的第一手资料。

> 在很长一段时间里，美苏两国获取的月壤和月岩样本都是人类仅有的直接采集自其他天体的样品。直到 2010 年 6 月，日本小行星探测器"隼鸟号"从小行星"糸川"带回尘埃样本，才分享了这一荣耀。1978 年，美方向中国赠送了 1 克月岩样本，其中半克用于科研，另半克现于北京天文馆展出。

2.3　行星际的探测

在对月探测进展的同时，行星际的探测也在进行之中。1962 年的"水手 2 号"是第一个成功的行星际探测器，它经过三个半月的旅程之后，成功地从金星身边飞过。行星际的探测计划用时比对月探测长，理由很简单：月球离我们的平均距离是 38 万千

图 2-11 太阳系行星家族

图片来自 NASA

米，而离地球最近的行星——金星，和我们的距离在最近时也超过 4 000 万千米。事实上，"水手 2 号"总共飞过了 2.8 亿千米的漫长旅途，才在距离金星表面 34.8 千米的"低空"掠过金星。

在解释我们的信使为何绕了这么远的路程之前，需要先来了解一下飞船的飞行方式。最基本的一点是，在进入宇宙空间后的绝大部分旅途中，飞船都不需要动力推进。一旦它被火箭推进器赋予了初始的速度，就会在天体的引力场中进入相应的轨道，然后按部就班地向前运行。飞行器只有在需要改变轨道时才会打开推进器，这也是它主要的自主动作。实际上，不妨简单地这样理解：任何物体只要超过第一宇宙速度进入太空，就会成为环绕地球的一颗"卫星"；超过第二宇宙速度呢，就会成为环绕太阳飞行的一颗"行星"。飞行器的速度决定了它的轨道形状：速度越快，轨道的椭圆形就越扁，直到速度超过某个上限，轨道扁得无法再闭合形成椭圆，就延伸出去，再围绕新的焦点闭合成一个更大的椭圆。地球方面常常会根据需要发送一些指令，开启飞船携带的小型推进器，用来调整飞船的姿态和轨道，从一种椭圆变换成另一种椭圆：这种变换需要非常精确的速度、方向和姿态控制，以较为简单的飞往火星的轨道为例，在飞船脱离地球、进入过渡轨道的时刻，假如速度出现 1 米 / 秒的误差，抵达火星时的偏差将会达到 10 万千米。

因此，飞船的整个路径就是由若干椭圆的弧相接而成的曲线。这条曲线的一端是地球，另一端是我们要拜访的对象。有的时候这条曲线的形状比较简单（比如阿波罗登月飞行），有的时候则非常复杂，需要在空间中兜许多个圈子才能到达目的地（比如飞向水星的"信使号"）。总之，空间旅行不可能像光线那样，沿着两点之间的最短距离飞奔而去——这样的旅程看似最短，但整

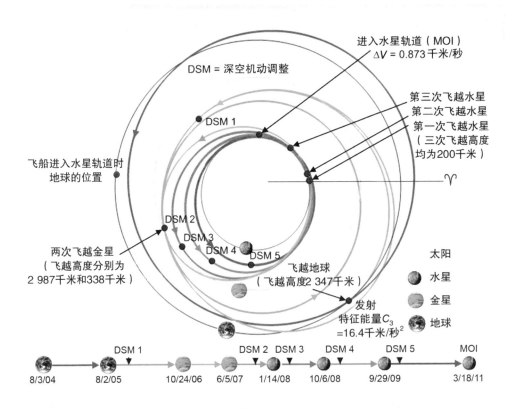

图 2-12 "信使号"的飞行路线，使用了多次变轨

图片来自 NASA

个过程中都需要动力推进，飞船不可能携带那么多燃料：燃料意味着更大的质量，而推动更大的质量又需要更多的燃料，这会大大降低飞船的有效载荷比。想象用一艘万吨巨轮送一张邮票，行星之间的"直飞"航程，大致也会是那样一幅景象。

那么，一艘前往金星的飞船要如何保证在长途跋涉之后，刚好与金星"会合"在曲线的另一端呢？

由于轨道的形状由飞船的速度唯一决定，所以在确定飞船的路线之后，就能算出飞船在路上需要花费多少时间。现在只需要考虑怎么用这条曲线把地球和金星连接起来，让飞船出发时刻所在的位置和地球位置重合，而抵达时刻所在的位置和金星位置重合。基于对太阳系行星运动的了解，我们不难反推出金星在飞船出发时刻所在的位置。因此，确定了飞船的路线，就能确定出发时刻地球－金星－太阳的相对位置。

别忘了，地球和金星一直不停地绕着太阳运行，这三者之间的相对位置时刻都在变化，特定的相对位置只有在特定的时刻才会出现。所以也只有在这个特定的理想时间发射，才能让我们的使者经过漫长的跋涉之后，与金星完成这次"空间约会"。当目标从金星改变为其他天体，路线发生改变，计算的过程也可能更趋复杂，但基本的原理不变：选定了目标和前往目标的路径，就能算出发射时的地球位置，而这个位置，对应着一个确定的时间。

技术上来说，我们可以在发射的时候稍微做一点点调整，使得速度（和轨道）发生微小的变化，而不影响会合的结果（付出的代价是增加燃料的消耗）。于是，起飞的时间可以适当地从理想时间变动少许，在一个时间段内，都是合适的发射时间。

这样的一段合适的发射时间，就是所谓的"**发射窗口**"[1]。

基本上，距离越近、轨道形状越简单，发射窗口也就越规则。倘若你想要使得你的飞船在茫茫空间中进行遥远的航行，时不时

---

1. 这里的讨论尽量简化了飞船的飞行轨道。实际上，由于对飞船施加引力影响的大天体不止一个，飞船的轨道还会发生复杂的进动，计算时需要把这部分变化考虑进来。除了轨道和进动之外，影响发射窗口的限制条件还有天气、测控范围和光照等因素。

地从某颗行星那里"偷"来一点点动能（我们对这种行为有一个漂亮的说法，叫做"引力帮助"），前后拜访好几位邻居的话，需要非常精确的轨道和极端完美的行星位置，发射窗口当然就非常难得，而且不一定有规律地出现。而假如你只是想要拜访一下隔壁邻居，比如金星和火星，相对来说就比较宽裕：前往金星的发射窗口每 19 个月出现一次，前往火星的发射窗口每 26 个月出现一次。发射窗口的宽度则主要是由运载工具决定的，距离理想的发射时间越远，需要消耗的额外能量也就越多。如果火箭的运载能力只是刚刚好能够完成任务，那么留给你的发射时间就没那么富余；如果你的火箭运载能力远超这次任务所需，可供选择的发射时间就要自由得多。

月球和火星一直是、在可预见的将来也仍然是人类空间探索的热门目标，但我们的好奇心并未局限在近邻身上。遥远的气体行星——木星、土星、天王星和海王星——也很快被列入了拜访的行程。

先行者是两艘"先驱者号"飞船——史上最先穿越小行星带

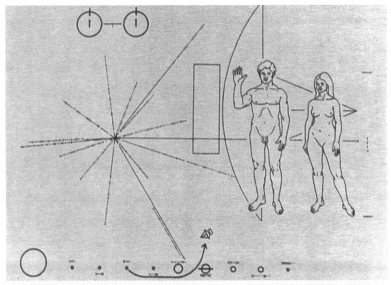

图 2-13 两艘"先驱者号"都携带了这样一块金属板，如果有智慧生命看到这些图案，就能对地球和人类具备最初步的认识

图片来自 NASA

的人造天体，它们携带的那块金属板想必各位读者都已经非常熟悉。在当时看来，飞越小行星带是很危险的，毕竟天体间的相对速度相当惊人，万一飞船不幸地与其中一颗相撞，假如你还记得"苏梅克－列维9号"彗星与木星相撞的情景，或者了解6 500万年前恐龙的遭遇，想必也会同样为它捏一把汗。幸好两艘"先驱者号"都成功地规避了小行星带所可能带来的伤害，而且其后的飞船也并未在小行星带遇到危险：这一片地带的小天体数量虽多，但加起来的总质量也只有月球的4%，而且其中一半由谷神星、灶神星、智神星和健神星四颗占据，剩下的一半分布在如此广阔的地带，和飞船相撞的概率其实并不如当初估计的那么大。

我们面对的困难是显而易见的，最明显的一点是，由于路途遥远，每次行动都要持续相当长的时间。"先驱者10号"飞离地球时的时速超过了5万千米／小时，只花了12个星期就越过了火星轨道，即便如此它也花了一年零九个月的时间才抵达木星；而我们知道，与土星、天王星和海王星相比，木星离我们已经算是很近了：土星到我们的距离是木星的两倍，天王星4倍，海王星6倍。倘若想要探索太阳系更远的边缘，还要花上更长的时间。

幸运的是，我们还有"**引力帮助**"这个手段。

无须消耗任何燃料，只要借助一点点引力的作用，飞船就可以在旅行途中获得加速或减速，或者改变飞行方向。这对大型的飞船，比如"卡西尼号"[1]，特别有利，因为地球方面没有任何火箭能够一次性提供给它必要的速度，而且，节省下燃料的空间，还可以携带更多的科学仪器。"引力帮助"这项技术在"水手10号"行动中最先得到应用，它在飞往水星的途中先经过了金星，并成功地利用金星引力改变了轨道（当然，它还顺便拍下了金星上层大气的照片，我们由此第一次构建了金星表面的大气循环模型）；随后，"先驱者10号"在木星的引力帮助下成为史上第一个达

---

1. "卡西尼号"轨道飞船连同它携带的"惠更斯号"着陆器总重达到2.5吨，是"先驱者10号"的10倍。

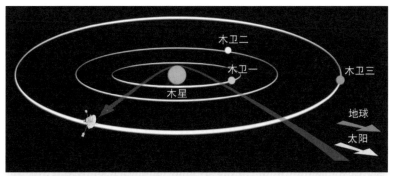

图 2-14　利用木星的引力帮助改变的先驱者 10 号轨道

图片来自维基百科

到第三宇宙速度的人造物体。另外一些利用"引力帮助"的著名例子是两艘"旅行者号""伽利略号""卡西尼号""信使号""罗塞塔号"，当然还有首次拍下冥王星近照的"新视野号"。假如我们不曾掌握这项技术，这些飞船可能就根本无法完成它们的任务。

　　简单说来，"引力帮助"就是和行星交换一点点动能。当飞船从行星身边掠过的时候，或多或少会被行星的引力俘获，身不由己地被行星带着一起绕太阳飞奔一段路。行星的公转速度是相当惊人的，以木星为例，它在公转轨道上的速度是 13.06 千米 / 秒，当飞船进入木星的引力范围，暂时被它俘获的时候，就会因此获得一个额外的速度[1]。如果我们能够精确地控制飞船冲向木星时的速度，确保它不要一头撞上木星或是进入环绕木星的轨道，而是从木星身边掠过并最终摆脱木星的控制，就可以安全地利用木星引力来帮助飞船旅行。

　　在飞船进入再离开行星引力场的这段过程中，飞船相对太阳的速度发生明显改变，最极端的情况下改变的速度是行星本身速度的两倍。"引力帮助"可以帮助飞船加速，也可以帮助飞船减速，这是由飞船进入行星引力场时的飞行方向和行星公转方向的

------

1. 严格说来，飞船在这里得到了额外的动能，意味着木星的动能有所损失。但飞船的质量与木星相比实在微不足道，因此木星速度的变化可以忽略。

夹角决定的。如果两者方向相同，飞船搭的是"顺风车"，获得加速；方向相反则获得减速。通常向太阳系外侧飞的飞船需要加速帮助，向太阳系内侧飞的飞船（比如"水手10号""信使号"）需要减速帮助。

很显然，"引力帮助"这项技术的应用依赖于行星是否位于合适的位置。幸运的是，在空间时代开始后不久，人类就获得了一次绝妙的机会：在20世纪70年代末的这段时间里，四颗气体行星——木星、土星、天王星和海王星——都在太阳的同侧，而且在公转方向上将会依次来到其内侧行星的前方不远处。这就意味着只需要一艘飞船就可以顺利地依靠引力帮助依次经过这些行星，只需要12年就能到达遥远的海王星。这样的行星排列位置每175年才出现一次，下一次的发射窗口要等到2155年。"旅行者1号"和"旅行者2号"正是在这样的大好时机下从地球出发，在空间探索史上，这两艘孪生飞船的行动被称为"大环游计划"。

和"先驱者号"一样，"旅行者号"也为邂逅地外文明做好了准备。两艘"旅行者号"都携带了一张铜板镀金唱片，被称为"地球之声"，上面记录了来自地球的各种声音。由于是飞向外太阳系，当时的技术无法利用太阳能作为能源，"旅行者号"使用以钚（238Pu）的衰变作为能源的热同位素发电机为携带的科学仪器供电。钚的半衰期是87.7年，其供电能力会随着时间的流逝而缓慢下降，预计这两艘飞船上的能源至少足够支持一部分仪器到2025年，让它们能够在漫长的旅途中不断发回数据。

从1998年2月起，"旅行者1号"超越"先驱者10号"，

"地球之声"上收录了55种人类语言的问候，其中4种来自中国：普通话、粤语、闽南语和吴语。这张唱片里还有115幅展现地球风貌的图片、若干来自大自然的声音，以及当时的美国总统和联合国秘书长的问候。唱片收录的90分钟音乐涵盖了从东方到西方、从古典到现代的各种风格，其中包括中国的京剧和古琴曲《高山流水》。

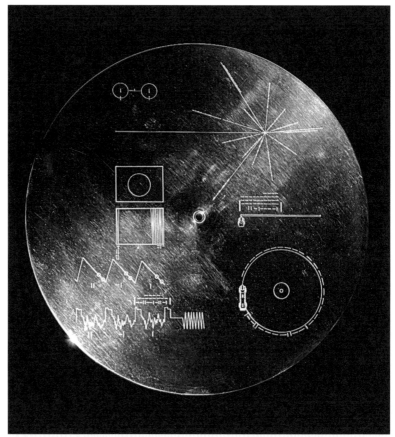

图 2-15 "旅行者号"携带的"地球之声"唱片：讲述地球自己的故事

图片来自 NASA

成为距离地球最远的人造天体；到本书修订时为止，它还是飞离太阳速度最快的人造天体[1]。2016 年年底，"旅行者 1 号"已经距离太阳 138 个天文单位[2]，发回的信号需要 19 个小时才能传回地球。从 2012 年 8 月 25 日起，它已经离开了太阳风在星际介质中吹出的巨大气泡，进入充满星际气体的恒星际空间，正在向天

---

1. "新视野号"也常被称为"速度最快的人造天体"，这指的是它发射时以 16.5 千米 / 秒的速度远离地球，创下的最快发射速度纪录。但就离开太阳系的速度而言，还是"旅行者 1 号"的 17.027 千米 / 秒胜出。

2. 天文单位指的是太阳和地球的平均距离，1 天文单位合 1.5 亿千米。

在"旅行者号"计划飞往海王星的过程中，人们为此付出的
总工作量是 11 000 人·年，相当于建造胡夫金字塔的工作量的
三分之一。完成海王星探测时，两艘"旅行者号"总共发回了 5
万亿字节的数据。

文学家推测存在于太阳系外围的奥尔特云飞去。2013 年 9 月，
NASA 放出了一段"旅行者 1 号"传回的录音，这是人类第一次
接收到来自星际介质中的声音。

一个行星际飞船抵达目标天体之后，通常有两种可能：一种
是从它身边掠过、一去不回头，一次性地发回一批数据；另一种
是进入环绕它的轨道，要么周而复始地绕转下去，要么硬着陆或

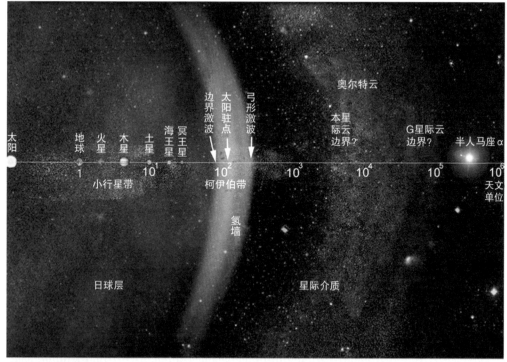

图 2-16　太阳系边缘

目前"旅行者 1 号"位于星际介质中，正在向奥尔特云飞去；"旅行者 2 号"位于太阳驻点。图片来自 NASA/JPL

软着陆。显然，后一种选择需要改变飞船的速度，使它进入到环绕目标天体的低轨道。这与当初发射飞船的过程刚好相反，需要让飞船减速。回想一下地球上第一宇宙速度和第二宇宙速度之间的差异，你会意识到飞船需要减少的速度是每秒钟几千米。和发射过程不同的是，现在飞船没有大型火箭的帮助。于是，现在我们需要在两个选择间作出决断：是利用一点小小的科学技巧呢，还是让飞船多携带一堆沉重的火箭和燃料？相信亲爱的读者你一定有一个明智的判断。

这个小小的技巧叫做"**大气层减速**"[1]。

行星不但可以帮助我们的飞船加速，它们也可以帮助飞船降低速度，从而把轨道降低，最终达到环绕行星低空飞行的状态。原理很简单，就是利用大气的阻碍达到减速的目的。假使我们希望飞船从一个较高的圆形轨道降低到一个较低的圆形轨道[2]，首先需要打开携带的推进器，让飞船进入一个椭圆形轨道。这个椭圆形轨道的最低点必须在大气层内，这样，飞船在每次进入大气的时候，就会受到大气的阻力而损失一部分动能，从而降低速度。速度的变化带来轨道的变化，导致飞船轨道的最高点降低，让轨道形状慢慢逼近圆形，飞船由此在最后进入低空圆形轨道。

如果大气层足够浓密，在理想条件下，一次从大气中的穿越就可以让速度明显降低。但我们没必要这么粗暴：那会让飞船过于接近天体表面，而低层大气的状况往往难以预料；同时摩擦和燃烧也太剧烈了，对飞船的性能是一个巨大的考验。通常的做法是让飞船多次经过大气层上部，那里的大气比较稀薄，而且每次减速之后都可以重新校准轨道，为下一次的减速做好准备。这当然会花费更多的时间，往往需要上百次的绕转才能达成变轨目标。在变轨目标达成之后，如果飞船不需要继续降落在天体表面，往

---

1. 顾名思义，只有在具有大气层的行星上才能使用这项技术，比如金星和火星，当然也包括返回地球的返回舱。

2. 这里我们只讨论了简化后的理想模型，在多数实际情况下，飞船的轨道要复杂得多。

往还需要点燃所携带的火箭来获得一部分额外的动能，以确保整个轨道都位于行星大气之外，这样才能在环绕行星执行观测任务的时候保持轨道稳定，而不是继续和大气摩擦失去速度，面临坠毁的风险。

虽然大气层减速技术很早就在理论上臻于完善，但直到 1994 年才首次得到实际利用："麦哲伦号"在服役 5 年之后执行了它生命中的最后一项任务，进入金星大气，同时收集着各种宝贵的数据。它在第二天中断了和地球的联系，推测已在金星浓密的大气中烧毁，但利用这次实验收集的数据，大气层减速技术在接下来的 1997 年挑起了"火星全球勘探者号"变轨计划的大梁。后续的"火星奥德赛"和"火星勘测轨道飞行器"也使用了这项技术。由于空气稀薄，在火星的大气和引力条件下，完成大气层减速大约需要 6 个月的时间。因此需要直接降落在火星上的飞船往往采用别的方式减速，比如"火星探路者号"和"火星探测漫游车"（"勇气号"和"机遇号"）采用了气囊，而"火星科学实验室"采用了在高精度姿态控制下的降落伞－制动火箭结合的方式。利用大气层减速的技术还有其他变种，比如我国计划中的"嫦娥 5 号"返回舱，在携带月面样本返回地球时，将采取在大气层顶部"打水漂"的方式进行制动，这样在一次绕转中，就可以进行不止一次的减速。

图 2-17　借助大气层减速的"火星勘测轨道飞行器"，艺术家想象图

图片来自 NASA/JPL

2.4 计划中的远征

回顾人类空间探索的历程，我们选定的探测目标总是由近及远：路总是要一步步走的，就像现代人类的祖先从非洲出发，慢慢遍及世界各地一样。从环绕地球的低轨道开始，经过月球、金星和火星，我们探访的目标越来越远，如今最远的人造飞船已经超出太阳风所及的范围。但人类最关注的依然是我们的近邻，而且就目前的科技水平来看，人类能够亲身踏足的地外天体，近期内还只有月球和火星。

这固然有时间和成本上的考虑：载人飞行器能够承受的加速度比无人飞行器小，质量显然也更大。另外，路程越远，时间越长，需要更强大的运载、推进系统和更复杂的生命维护系统，成本当然也就越高。现阶段要运送物资到低地球轨道，航天飞机的运输成本是将近 20 000 美元 / 千克（费用太过高昂正是航天飞机退役的主要原因之一），阿里安 5 号火箭的运输成本是约 10 000 美元 / 千克，长征三号乙火箭的运输成本是约 6 000 美元 / 千克，最小型的猎鹰 9 号火箭因为可重复利用而相对平价，但也需要约 2 000 美元 / 千克。各国在 1985—2015 年间在国际空间站本身的总投入是 827 亿美元，外加接送航天员和运送物资的花费 504 亿美元，折算到航天员在空间中逗留的时间，相当于每让一位航天员在空间中待一天，平均需要 7 500 万美元。送人前往月球的费用更高，阿波罗计划当时总共花掉了 254 亿美元，有人估计过，这相当于在 2010 年花掉 1 090 亿美元。如果要前往火星，无疑更需要巨额的投入才能使这段旅程成为可能。

还有一个原因是，我们的生理特征决定了，空间旅行——或者空间生活——注定要受到人类自身生理条件的限制。

另一个比较明显的影响表现在我们体内的液体上。人体有大约 60% 的质量是水，当这些液体在空间中处于失重状态时，某些血管里的血压会大幅升高。实际上，在进入失重环境的最初几分钟之内，航天员的颈部血管就会开始扩张，面部也变得浮肿。

图2-18 国际空间站目前仍是唯一能让航天员在空间中长期逗留的空间实验室

图片来自 NASA

随之而来的是所谓的太空感冒症状：体液在流经肺部和头部时，堵塞了额窦和鼻腔，这和感冒的症状十分类似，并将持续整个飞行过程。当人体适应了这种微重力环境之后，全身的液体将会减少整整 1 升，并且由于心血管系统不需要克服重力向脑部供血，心肌的功能也会逐渐减弱。

人类是在地球重力的环境下演化而来的，在空间中，影响人类健康的所有因素里，失重是最重要的一点。首先，长期以来，我们都依赖对地心引力的感受来判断关于姿态、动作和运动方向的各种信息。肌肉、关节和内耳前庭器官向大脑传送的信号中，很大一部分取决于地心引力的规模和方向，在失重的状态下，这些信号都会令大脑产生混乱，使人眩晕和失去平衡。

同时，在失重的状态下，人体的骨骼和骨骼肌不再承受重力，因此，某些肌肉发生了萎缩，而另一些肌肉的纤维类型发生了变化：从某些用来克服地心引力的类型变成了能够做出快速反应的类型。微重力环境下的钙的流失也是困扰航天员的一个问题：在空间执行任务期间，他们大约每个月要损失 1% 的钙，因此回到地面的航天员大都罹患了骨质疏松。而且由于心肺功能的全面衰

图 2-19　失重状态下的航天员

图片来自 NASA

退，执行长期任务后，刚刚回到地面的航天员甚至可能难以在地面上直立较长时间。他们都是历经严格选拔和训练、身体非常健康的成年人，可是在返回后的早期阶段，却往往表现得老态龙钟，需要经历一段休养和锻炼才能慢慢恢复。

实际上，在空间时代的最初，相关的研究人员就已经开始注意到，航天员在空间飞行中对失重环境的适应过程与人类的老化过程相似。这似乎与著名的"双生子效应"相悖。

"双生子效应"是一种相对论效应，它假设一对双胞胎，一个留在地球上，另一个乘坐飞船进行高速航行。按照相对论原理，高速航行的飞船上的时间流逝比地球慢，所以飞船上的人比他的兄弟要老得慢——我小时候在阅读有关相对论的书籍时，看到对这一效应的描述，对航天员羡慕得不得了，觉得他们的时间过得比较慢，后来才发现根据广义相对论，在引力弱的地方时间流逝加快，跟"动钟变慢"的效应一抵消，以现在的飞船速度计算，航天员身上的时钟比我们这里还要快上那么一点点呢。不过时间的膨胀或者加速实际上都是极其微弱的，影响航天员生理状态的，主要还是由于长期处于失重状态而导致的衰老。

未来不论是在月球还是火星表面建立基地，其表面的重力都比地球要小得多。在这样的低重力环境下如何保证人体的健康，是空间生物医学需要解决的问题。同时，人们也相信，这类研究有助于生物学家理解人类老化的基本原理，对地面上的人群的健康和发展会有帮助。

除了生理上的影响之外，空间旅行和空间生活对人们的心理也有着显著的影响。航天员在过度劳累、缺乏支援、孤寂沉闷的生活中很难避免焦虑和沮丧。尽管每一位航天员都是从无数人中经过严格选拔才脱颖而出的，其心理疾病隐患远远低于普通人，但在早期各项任务过程中也出现过情绪几乎失控的局面。我们还没有太多关于长距离空间任务中航天员心理健康的报告：从尤里·加加林开始到2016年年底，一共只有552名航天员登上太空，而国际空间站也才建站不到20年。但有一点可以确定：能够搭上飞船的，必然都是地球人类中的精英。未来的空间旅行可能会涉及更多的普通人，他们能否通过心理上的考验，如何帮助他们通过这样的考验，这还是一个尚未有过太多探索的课题。

随着探索脚步迈得越来越远，空间任务对人类心理的压力也会越来越大。未来的载人火星行动，单程通常需要 6 ~ 9 个月，向地球的通信最远时要 44 分钟才能听到回应。火星与地球的距离在 3 ~ 22 光分[1]之间变化——请注意，作为通信手段的无线电波的速度和光是一样的，而且还要受到行星向背关系的限制和太阳的影响，通信有可能被太阳或者行星本身所阻挡。一旦发生紧急情况，来自地球的补给或救援至少需要 5 个月才能到来。在这样的条件下，长时间驻留火星，将是对航天员身心的重大挑战。保证航天员的心理健康，使他们能够顺利完成任务，是未来迫切需要解决的重要问题。

> 1973 年，在为期 3 个月的在轨建造"天空实验室"空间站的任务中，航天员就曾经因为情绪问题罢工一天。虽然目前还没有报告公开承认有航天员在执行任务的过程中罹患心理疾病（这里指的是精神分裂、妄想症和幻想症等症状），但的确曾经有传闻说，俄罗斯的某次太空任务被中止，就是因为一名航天员由于焦虑而产生了心悸的症状。

---

1. 光走一分钟的距离。作为比较，地球和太阳的平均距离是 8 光分。

进入 21 世纪以来，人类对月球和火星的探索重新出现了热潮。这首先体现在空间俱乐部的成员迅速增多上，飞往太空的访客也越来越野心勃勃。每时每刻都有人类的信使正处于飞往太阳系内某个目的地的征途中，还有一些正在执行任务，向地球发回种种信息。与此同时，新一代的飞船也正在设计或建造之中。包括美国和中国在内的航天大国纷纷着力于大推力火箭的研制，太空空间的开拓已经提上了日程。推动人类迈向太空步伐的不再是战争，也不仅仅是求知欲和好奇心：如同我们在上一章达成的共识，人类需要更多的生存空间和更多的生活资源。这一切都需要空间科学的支持，而空间科学的发展需要空间任务的验证和推动。

十年前，在本书第一版写作时，"罗塞塔号"[1] 和"信使号"[2] 还没有抵达它们的目的地，"新视野号"[3] 也才踏上征途不久；"凤凰号"[4] 刚刚在火星土壤里发现了冻结的水，"火星科学实验室"[5] 尚未发射；"勇气号"和"机遇号"火星车[6] 已经超期服役数年时间，人们都以为它们即将退休；月球勘测轨道卫星（LRO）和月球撞击坑观测与感知卫星（LCROSS）正要前往月球；我国的"嫦

---

1. 欧空局（ESA）于 2004 年 2 月发射的飞船，2014 年 8 月抵达其目标丘留莫夫 – 格拉西缅科（67P）彗星。其携带的"菲莱号"着陆器成为迄今唯一成功在一颗彗星上着陆的探测器。2016 年 9 月，"罗塞塔号"在彗星表面硬着陆，任务结束。

2. NASA 于 2004 年 8 月发射的飞船，2011 年 3 月成为第一个环绕水星飞行的空间探测器，完成所有任务后，2015 年 4 月在水星表面坠毁。

3. NASA 于 2006 年 1 月发射的飞船，2015 年 7 月成为第一个飞掠冥王星的空间探测器，并拍下了史上第一张冥王星的近距离高清图片。目前，"新视野号"已经离开冥王星，朝柯伊伯带飞去，预计将在 2019 年 1 月 1 日飞掠新目标：柯伊伯带小天体 (486958) 2014 MU69。

4. NASA 于 2007 年 8 月发射的飞船，2008 年 5 月在火星表面着陆。2010 年 5 月宣告任务终结。

5. 即"好奇号"火星车，NASA 于 2011 年 11 月发射，2012 年 8 月在火星表面着陆，任务是为未来的载人登火行动收集信息。至今仍在工作中。

6. NASA 于 2003 年 6 月发射的一对火星车，2004 年 1 月在火星表面着陆，原本的工作计划为 90 个火星日。"勇气号"于 2010 年停止工作，"机遇号"至今仍在工作中。

娥一号"卫星已经拜访了月球，"神舟七号"尚未开启中国航天史上的第一次太空行走，"萤火一号"即将搭乘俄罗斯飞船前往火星[1]。如今，十年前的飞行器们已经纷纷完成了自己的使命，而后继者也已投入工作。"嫦娥二号"卫星已经绘制了整个月面的高清立体地图，"嫦娥三号"的着陆器携带着"玉兔号"月球车在月面留下了来自中国的足迹；日本和印度都已发射了对月探测器；LCROSS 卫星和 LRO 卫星一起在 2009 年 9 月发射，前者于 2009 年 10 月撞击了月面的卡比厄斯撞击坑，其撞击过程的数据确认了月面上水的存在，后者至今仍在环月轨道工作中；发射于 2011 年的"月球重力场调查探测器"（GRAIL）和 2013 年的"月球大气与尘埃环境探测器"（LADEE）先后完成了任务坠落在月面上；"机遇号"火星车令人惊叹地仍在火星表面坚持，和它一起在火星表面和周围工作的还有"2001 火星奥德赛""火星快车""火星勘测轨道飞行器""火星大气与挥发物演化任务探测器"（MAVEN）、"火星轨道探测器""火星微量气体任务卫星"和"好奇号"火星车。

空间俱乐部的新成员目前的主要兴趣还是体现在对月球的行动上。不久之后，中国的"嫦娥五号"和"嫦娥四号"将会先后发射，印度也计划在 2018 年年初发射他们的"月船 2 号"（虽然

图 2-20　"新视野号"拍摄的冥王星照片

图片来自 NASA / Johns Hopkins University Applied Physics Laboratory / Southwest Research Institute

---

1. "萤火一号"所搭乘的"火卫一－土壤号"飞船于 2011 年 11 月发射后变轨失败，未能前往火星。

他们的"火星轨道探测器"已经在环绕火星的轨道上工作了将近三年）。载人登月和登火的计划已经提上日程，NASA的计划是在2018年再次把人类送上月球，为将来对火星的载人计划做预演；中国的"探月、登月、驻月"三部曲也在按部就班进行，"嫦娥五号"将会完成探月行动"绕、落、回"三步走的最后一步，随后将会展开的就是载人登月的行动。更大推力的巨型火箭将会登上历史舞台，登陆火星的计划预计将在2030年左右展开。那将无疑是人类有史以来最漫长、最艰难，也最伟大的空间行动之一。

《淮南子·齐俗》上说："往古来今谓之宙，四方上下谓之宇。"宇宙包含了所有的时间和所有的空间。与宇宙相比，人类微不足道，甚至连匆匆的过客都算不上。但这抹杀不了人类的好奇心，阻挡不了人类探索的脚步，当然更束缚不住人类为了自身生存机会的求索。从因仰望星空而掉入井里的哲学家泰勒斯，到使用望远镜观测星空的伽利略，再到如今各国雄心勃勃的深空探测计划，人类一直试图更进一步接近遥远的天体和神秘的星空。那些投身于此的科学家和工程师们也总是比别人更加着眼于未来。说得浪漫一点，空间科学家和空间工程师的工作承载了人类未来几十年，乃至几百年的希望，担负着为地球人类的未来寻找一条生存出路的艰巨任务。这需要漫长的时间和持续的努力。而空间任务和空间工程所带来的技术进步，其影响也绝不仅限于太空之中，这些在太空中得到验证的技术将会应用于普通人的生活中，就像从前的微波炉、不粘锅、魔术贴和防割手套一样。随着现代科技的发展，公众间弥漫着对空间探索的乐观气息，虽然这些努力的成果我们几乎肯定无法亲眼见到，也许要在几代人之后才能初现端倪，但是一代又一代的人类将会沿着前人开拓的方向，继续前行。

第三章

月球：空间的跳板

天边初升的明月在寻找我们，

她今后还将多少次转亏转盈。

她还将多少次来此园中

寻找我们——但已无人可寻。

——莪默·海亚姆《鲁拜集》之100

到目前为止，月球还是人类踏足过的唯一地外天体。第二次的探月热潮正如火如荼，不少国家正摩拳擦掌地准备加入登月俱乐部，一些私人公司也在航天领域跃跃欲试。这似乎让我们普通人也看到了未来空间旅行、到月球一游的希望。

的确，从有科幻小说开始，人类就不断地做着开发月球、把月球变为人类空间基地的美梦。这个梦想从阿波罗计划开始变得真实起来，随着现代科技的突飞猛进显得似乎伸手可及，以至于我们中的许多人都误以为它马上就可以成真。月球在现代科技的祛魅下不再是神话中的美丽传说，甚至都不仅仅是一颗夜空中的明亮天体，它在大众心目中成了人类太空旅途的第一站，还有那些正在向我们热情招手的铁、钛、磷、钾、稀土元素，以及铀

图 3-1　中国首次月球探测工程全月球影像图

由 "嫦娥一号" 卫星的 CCD 立体相机拍摄的 589 轨影像数据，经辐射校正、几何校正和光度校正后镶嵌而成。

和钍资源。至于那几乎已经脍炙人口的氦 -3，谁都知道要是全部用于热核发电的话，足够整个地球使用上万年！我们何必为了能源危机烦恼！空间中有的是能源等着我们利用呢。有什么不对吗？月球本来就是地球的卫星，它的存在理应是为了地球服务的，凡是地球上曾经有而现在匮乏的，从物产到生存空间，只要月球上有，又有什么理由不属于地球人呢？反正根据 400 多年来的望远镜观测和迄今这么多个探月卫星的观察，大约还不会有月球人冒出来向我们声明所有权——

是的，不少人的想法**就是这样**。

自从日心说问世以来，地球人类一直在努力掩饰的自我中心和傲慢，要移情成为对空间开发的狂热是再简单不过了。而且全人类都羞于隐藏自己的狂热：人类飞行器所及的疆域似乎都理所当然地被划归地球的领空，我们目光所及的一切矿藏、能源和特殊环境，其存在意义在传媒和大众的心目中仿佛都只不过是安静地等待着人类的开发和利用。从月球开始，然后我们的居留足迹就可以像宇宙大跳棋一样飞速延伸开去，大航海时代重现，只不

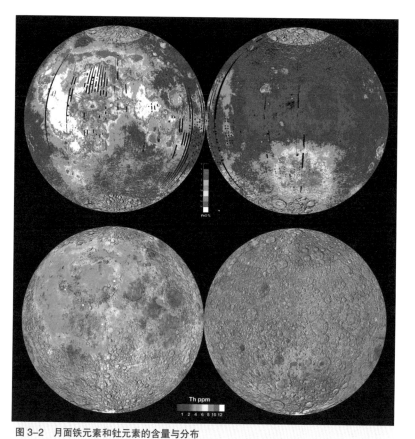

图3-2 月面铁元素和钍元素的含量与分布

上为铁元素在月面的分布，下为钍元素在月面的分布，不同的颜色代表不同含量，白色最高，紫色最低。图片来自 NASA

早期科幻小说中的许多设想都在后来成为现实。一百多年前，儒勒·凡尔纳在《从地球到月球》里描写的载人登月发射基地，在现代成了佛罗里达航天中心的选址。1948 年，黄金时代著名的科幻小说家罗伯特·A·海因莱因在小说《太空军校学员》里就设想了大气层减速的技术。阿瑟·C·克拉克在 1945 年提出了全球卫星通信的设想，还在小说《太阳帆船》中描述过以太阳帆提供动力的空间飞船。后世的空间科学家们也经常利用各种机会向这些科幻小说家致敬，比如"阿波罗 11 号"的指挥舱命名为"哥伦比亚号"，来自凡尔纳《从地球到月球》里发射飞船的超级大炮；2001 年发射的"火星奥德赛"飞船，以克拉克的名著《2001：火星奥德赛》命名；甚至欧空局 2008 年发射的自动转移飞行器干脆就命名为"凡尔纳号"。

过这一次上演的是太空版本，人类的征途，是星辰的海洋——但是，真的是这样吗？

<hr>

3.1 到底有没有水

作为人类未来空间基地的头号候选者，我们对月球寄予厚望的头一个关键词是水。

水是我们在生活中司空见惯的物质。在地球上，哪里有水，哪里就可能有生命[1]。地球上的生命起源于水中，就算是那些能够忍受高温、高压或者极端化学条件的微生物也离不开水，对人类来说更是如此。在极端的情况下，人类即便一个月不进食，也有可能存活下来，但如果滴水不进，在常温下通常只能支撑3天。

有的读者可能会顺理成章地认为，既然水对生命如此重要，在宇宙间寻找生命又是如此困难，那么水显然是地球的特产，在空间中很少存在。实际并非如此。水的分子式是 H_2O，每个水分子里含有两个氢原子和一个氧原子。其中的氢元素从宇宙大爆炸开始就遍布整个宇宙，是宇宙中最丰富的元素；而氧元素则是在恒星内部通过核聚变合成，再由超新星爆发向空间中抛出的，在经过漫长岁月之后，其丰度同样不小。氢和氧在太阳系中都是含量相当丰富的元素。在太阳星云分馏凝聚形成太阳系的时候，水就已经大量地存在于太阳系中。虽然水是一种挥发性物质，在高温下会很快汽化，又很容易在恒星强烈的

> 人体里有50%～75%的质量是水，其中大部分是体液。新生儿身体里的水分含量最高，之后随着年龄的增长而逐渐降低。对一个成年人来说，体内血液的含水量最高，约为83%，随后依次是肾脏、心脏、肺、脾、肌肉、脑、肠、皮肤、肝脏，肝脏的含水量约为67%。骨骼虽然坚硬，也含有20%的水。含水量最小的是脂肪组织，不到10%。代谢越活跃的组织和器官，水的含量越高。水是最重要的维生物质，只要失掉15%的水分，我们的生命就会有危险。

<hr>

1. 反过来，即便是在地球上，过于干燥的地方也不适合生命。在地球南极最为干燥的地区，大约有10%的土壤样本没有生命存在。

辐射下被分解，但在温度适中、质量足够大到能够维系行星大气层并有大面积水体发育时（比如地球），或者温度很低、离太阳足够远的地方（比如外太阳系），水都大量保留了下来。彗星的主要成分就是水冰[1]，其来源推测为海王星轨道外的柯伊伯带和更远的奥尔特云，两个地带都有大量的冰质小天体存在；在太阳系形成的初期，小天体的撞击可能为童年的地球带来了大量的水。

其他有水的星球也很不少。火星不用说了，极冠里含有水冰，地表下可能有冰层，冻土里含有水分，最近还发现了液态水的痕迹。不过火星地表和地下的液态水都是"卤水"，含有大量盐分，其中不乏剧毒的高氯酸盐，对生命和移民暂时者还不太友好。月球上也已经发现了水。木卫二的冰壳下有大片的咸水海洋，估计其体积是地球海洋的两三倍，哈勃望远镜探测到其南极附近喷射出的水蒸气喷流。木卫三和木卫四的星核可能有一半质量是水冰，木卫三还很可能有一个体积超过地球海洋的地下海。土卫六因为包裹着浓密的大气而一向引人注意，2007 年，卡西尼－惠更斯号确认它表面存在湖泊，不过湖泊里装着的不是液态水，而是液态的天然气和其他碳氢化合物——这其实并不令人意外，以土卫六在太阳系中的位置和表面温度，能在它表面以液态存在的绝不可能是水，土卫六的水更多埋藏在地表之下：这颗星球本身就半数由水冰构成。土卫二不但有一个巨大的全球性海洋，海洋里还很可能存在热液活动。总之，水本身在太阳系里并不稀罕，稀罕的是两种水：一，我们在距离上够得着的，远水解不了近渴；二，液态的，因为绝大多数和生命有关的化学反应，都需要在溶液里进行。

就在十年前，科学家还不太敢相信月球上水的存在。这颗卫星没有大气的包裹，水很容易从它表面逃逸，继而在阳光的辐射下分解。从月球表面的样本看来，月球上的矿物结构普遍不含水，也没有吸附水，几乎都是在缺水的条件下形成的。而且，月球的

---

1. 即水冻结后形成的冰。为了与二氧化碳冻结后形成的"干冰"相区别，习惯上将水的固态称为"水冰"。

图 3-3　喷射着水汽的木卫二从木星前经过

艺术家概念图。图片来自 NASA, ESA, M. Kornmesser

质量很小，冷却快，早期岩浆活动的时间和地球相比也非常短。早在 31 亿年前，它就成了一颗冷却的、安静的星球，它的短短演化历史中，几乎没有水的参与。这样的一颗星球，能有多少水呢？

　　新的空间探测成果打破了这个旧有的印象。2007 年，"嫦娥一号"卫星首次对那些最可能含有水冰的极地撞击坑（这些撞击坑的底部从来不会被阳光照射到，其温度条件足够让水冰保留下来）拍下了高清照片。2008 年 11 月，印度的"月船一号"飞船释放探测器，撞击了月球南极的沙克尔顿撞击坑，在撞击溅起的物质中探测到了水冰的痕迹。随后是 2009 年 10 月 9 日，月球撞击坑观测与遥感卫星（LCROSS）以十倍于波音飞机的速度撞击了距离月球南极约 100 千米的卡比厄斯撞击坑，从撞击溅起的物质中探测到了水蒸气的存在[1]。2010 年，NASA 估计整个月面上的水冰含量共有 6 亿吨之多。这些冰的存在形式很可能是细碎的冰块，混杂在撞击坑底部的月壤中。

---

1. 实际探测到的物质是氢氧根（–OH），水分解的产物。

　　这些水是从哪里来的呢？大致有两个来源：一是彗星撞击月球表面的时候留下的碎片；二是太阳风中的氢原子与月岩、月壤中的 FeO 发生还原反应，也有可能生成水。这部分水有机会以水冰的形式存在于月面上。另外，月球在远古时期的地质活动中，还从内部释放了岩浆水，这部分水只有少量保留了下来，存在于岩石中。2011 年，从"阿波罗 17 号"采集回的月岩样本中，就发现了少量的来自远古火山的流熔包裹体，成分和地球的上地幔类似，其中含有少量（数百 ppm）的水。

　　月球表面的大气非常稀薄，重力束缚也很微弱，因此凡是可能被阳光照射的地方都留不住水。不过，科学家在复杂的模拟和演算之后发现，这些水蒸气并不是全部逃逸到太空，估计其中 20% ~ 50% 经过一系列的物理、化学过程被搬运到月球的南北两极，从此在终年不见天日的撞击坑底部存留了下来。

　　话说回来，虽然我们已经在月球南极找到了冰，具有了一定的科学意义——科学家们可以从这些冰中研究月球被彗星撞击的历史，还能据此推测太阳系早期曾经存在过多少冰质小天体——但对月球基地而言，实用意义并不算大。固然这些水冰将会是未来月球居留者的重要资源，但它们只可能存在于极地的永久阴影区，那里终年黑暗、低温（否则水冰也不可能保存下来），对开采的机械和技术都要求甚

图 3-4　LCROSS 探测器正撞向月球南极

概念图。图片来自 NASA

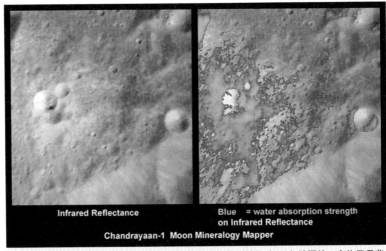

图3-5 NASA搭载在"月船一号"上的月球矿物学测绘仪（M3）拍摄的一个位于月背的年轻撞击坑

图片来自 ISRO/NASA/JPL–Caltech/USGS/Brown Univ.

高：黑暗意味着无法利用太阳能提供能源，低温更是会带来一系列的技术难题。而且，这些水冰并不像地球或者火星的两极那样，以冰盖的形式存在。它们是颗粒状的冰屑，分布很广，与月壤混合得非常充分，要从月壤里提取水，成本非常高昂。因此，要解决月球基地的用水问题，还需要另辟蹊径，或许可以从月面广泛分布的钛铁矿（$FeTiO_3$）里打打主意。

3.2 月面的矿藏

月球上的"矿藏"，和地球上传统意义的矿藏略有区别。这里的"矿藏"主要就是岩石和月壤。从阿波罗飞船和其他一些探月计划得到的样本来看，月面的22个主要月海里，总共填充了大约10^{10}立方千米的玄武岩，这些玄武岩里钛铁矿的含量大约为8%，甚至可以达到25%。按照8%的含量计算，钛铁矿的总量就将达到（$1.3 \sim 1.9$）$\times 10^{15}$吨。月壤里稀有气体的总量与地球相比也令人垂涎。月面上铁、钛、铬、磷、钾、稀土元素、钍和铀等元素的矿石分布比较集中，而且总量大、品位高。但从开发利用月球矿藏的技术和经济效益来讲，还有许多难题需要克服。

月球上已知的所有岩石类型，在地球上也都有，组成这些岩石类型的矿物已经被深入而细致地研究过[1]。由于月球比地球小，冷却得也更快，岩浆的演化只来得及完成了早期的阶段，所以岩石类型比地球少得多，也简单得多。所有的月球岩石都是通过岩浆或者火山作用形成的，这和地球上还有沉积岩和变质岩的情况不同。组成月球和地球的化学元素种类完全相同，但各元素含量的比例有所区别。和地球相比，月球上的铁元素和挥发性元素——低熔点、低沸点的各种元素——少得多，难熔的元素则比较丰富。

月面的主要岩石类型是玄武岩、斜长岩、克里普岩和角砾岩，主要矿物

克里普岩（KREEP）的名字是钾（K）、稀土元素（REE，Rare Earth Element）和磷（P）拼起来的，因为它富含这3类元素。光是风暴洋区域的克里普岩，含有的稀土元素总资源量就有225亿～450亿吨，其间所蕴藏的丰富的钍和铀也是重要的矿产资源。

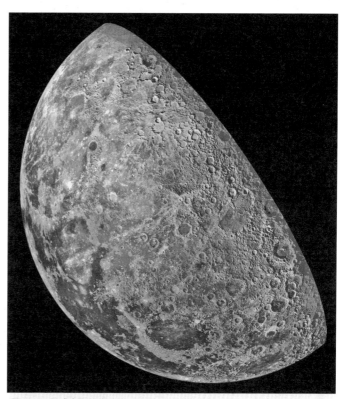

图3-6　月球表面元素分布（假彩色图片）

图片来自NASA/JPL由"伽利略号"飞船的光谱分析数据制作的月面元素分布图，展示了月球北半球的化学元素分布。图中左下方深蓝色区域是富含钛元素的静海。

---

1. 人们曾经从"阿波罗11号"带回的月岩样本中发现三种当时尚未在地球上发现的矿物：静海石、阿姆阿尔柯尔石（以"阿波罗11号"的三位航天员的名字命名）和三斜铁辉石。后来这三种矿物都在地球上被发现了。

是辉石、斜长石、钛铁矿、橄榄石和尖晶石[1]。在这其中，对月球基地来说最重要的是钛铁矿。它不仅是铁、钛金属和氧气的主要来源，而且在冶炼过程中还有一个重要的副产品：钛铁矿与氢的反应将会生成水。比起从两极收集水冰来说，这是一个更为实用和可靠的获取水的途径。生产1吨水，大约只需要10吨钛铁矿和0.13吨氢气，只要开采数百平方米的月海岩石就可以完成，

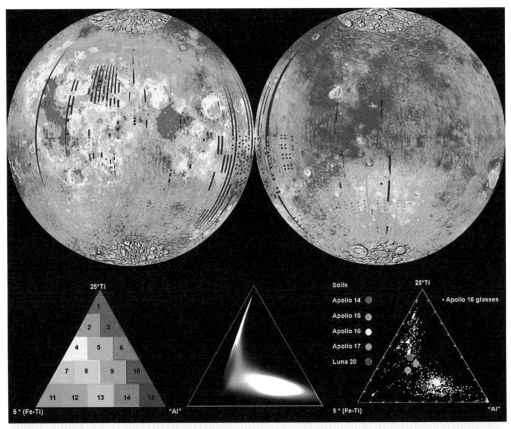

图3-7 月面矿藏分布

　　图中不同的颜色代表了不同类型的岩石，参见左下角的三角形。右下角的三角形则表示了历次登月行动所带回的月岩和月壤样本的不同成分。图片来自NASA

―――――――――――

　　1. 矿物是具有特定化学成分的均匀固体，是构成岩石的基本单元。岩石可以由单种矿物组成，也可以由多种矿物组成。月面上的这些主要矿物类型在地壳也都大量存在。

而且完全不需要跑去危险的永久阴影区，在月球基地附近就可以直接生产。

月球能够提供的不仅仅只有金属矿产资源。要知道，整个月球表面已经被太阳风不断轰击了超过 30 亿年（月球的地质活动在 31 亿年前停止，在那之后月面就没什么变化），这些太阳风粒子为月壤提供了大量稀有气体，其丰度是地球望尘莫及的。譬如说，媒体和公众都已经耳熟能详的氦 –3，本世纪以来它总是和"月球"和"资源"两个关键词捆绑出现。它能够给予地球和（未来的）月球基地什么帮助呢？

氦 –3 是氦的一种同位素，和普通的氦原子相比，它的原子核里少了一个中子。氦 –3 是月壤所富含的稀有元素中最令人瞩目的一种，一大原因是它有可能成为清洁、高效、安全而廉价的核聚变原料[1]。

在考虑一个发电系统效率如何的时候，人们使用"能源回报率"这个概念，它指的是任何一个发电系统在它的正常使用年限内能源产出与投入之比。决定能源回报率的主要因素有两个：一是建设该系统的能耗，二是维持该系统正常运转的能耗。在不考虑氦 –3 开采、运输成本的情况下，利用氦 –3 核聚变发电的能源回报率约为 270 : 1，远远高于目前核电站使用的重核裂变发电（能源回报率 20 : 1）和煤燃烧发电（能源回报率 16 : 1），并且氦 –3 资源近乎无穷无尽，对地球环境也相当友好。

氦 –3 广泛分布在月壤中，资源总量估计为 100 万 ~ 500 万吨。每千克氦 –3 进行核聚变反应，释放出的全部能量相当于 1.64 亿度电。近年来我国的用电量是逐年增长的，根据国家统计局公布的数据，2015 年全社会用电总量为 5 万亿度，其中生活电力消费量为 7 565 亿度，折算为标准煤的话，分别相当于 6.14 亿吨和

---

1. 氦 –3 还是一种理想的超流体材料，在宇宙学方面对天文学家有着超乎寻常的帮助：利用超流体氦 –3 来模拟宇宙极早期的相变和"宇宙弦"的生成，乃至宇宙学中关于"膜宇宙"的假说，已经开创了一门所谓"实验宇宙学"的小小分支，有一小群物理学家和宇宙学家对这一领域兴致盎然。

地球上目前正在发展的核聚变技术是基于氘（D）和氚（T）的 D–T 核聚变。氘和氚都是氢的同位素，它们与普通氢原子的区别在于原子核内中子数的不同：普通氢原子核内只有一个中子，而氘核内有两个中子，氚核内有三个。基于氘（D）和氦 –3（^{3}He）的 D–^{3}He 热核反应比起 D–T 热核反应有更大的优势。氚本身具有放射性，而氦 –3 是稳定的元素，没有放射性；氘和氚的聚变产物是氦 –4（也就是普通氦原子）和高能中子，这些高能中子容易损坏核反应装置，而氘和氦 –3 的聚变产物是氦 –4 和高能质子，比高能中子更容易防护；而且，氘和氦 –3 的反应产能更高。不管是利用氘、氚还是氦 –3，核聚变发电都是今后解决能源问题的大势所趋。相对于核裂变发电的过程，核聚变反应更为安全高效，也不会产生后患深重的放射性核废料。如果能够彻底解决核聚变的材料和技术问题，人类就基本攻克了能源的难关。

0.93 亿吨；而全部用氦 –3 发电的话，全社会用电只需要大约 36 吨，生活用电只需要 4.6 吨氦 –3 就足够了[1]。

数字对比相当惊人，然而地球上容易提取的氦 –3 总共也就 15～20 吨[2]。想利用这种清洁高效的能源，还得从月面上打主意。那么，要从月面上弄到氦 –3，我们需要做些什么呢？

首先，氦 –3 在月面上是均匀混杂在月壤中的，浓度大致是几个 ppb（1ppb 也就是 10 亿分之一），在某些永久阴影区有可能再高一些，但在永久阴影区采矿难度太大了。为了获得 1 克的氦 –3，需要收集处理大约 20 万吨月壤，而要让这些氦 –3 从月

---

1. 这里没有考虑发电时因为能量转换效率而带来的损失，实际的消耗量当然要更大一些。

2. 地球大气中的氦 –3 浓度约为万亿分之 7.2，虽然在整个地球大气中的总量也达到了 30 000 吨以上，但是很难提取利用，能够提取的是存在于天然气中的少量。

壤里释放出来，必须把月壤再加热到至少 600℃。假设我们是在月面的白天进行这项工作，月面白天的环境温度大约是 130℃，也就是说，还需要让月壤再升温 470℃。这时候释放出来的不光有氦 –3，还有更为常见的氦 –4，和其他气体混合在一起。于是，我们必须把氦 –3 从收集到的混合气体中分馏出来，这又需要把它再降温到足够低的温度：由于各种气体的液化温度不一样，在 –60℃ ~ –200℃ 的温度范围，可以将各种气体分离与纯化。我们最好把这项工作留到晚上进行，因为月球的夜晚温度是 –153℃ ~ –183℃，这样就只需要让收集到的混合气体再降温少许，就能将液态的氦 –3 分离出来。最后，我们把分离出来的氦 –3 装上运载飞船，飞回地球。假如我们已经掌握了可控核聚变技术，建造好了基于氘和氦 –3 发电的核电站，就可以开始欣喜地计算电价应该降到什么程度啦。

当然，在这一步之前，需要先来清点一下为此付出的代价。除了相关设备和飞船的成本之外（当然，只有当飞船可以重复利用、地月间交通运输成本降低到可以接受的范围，我们这个设想才有讨论的意义）。首先，是把相关设备运送到月球上所需的能量。笔者由衷建议从头到尾都使用机器人来操作，这样可以省下维生系统和其他种种补给，以及运送这些补给所需的能量。然后，是收集、处理和加热月壤所需要的能量。接下来，分离氦 –3 和氦 –4，降温和分馏当然也需要能量。最后，把提取出的氦 –3 运送回地球，运输所需的能量也不少。有人粗略估计过，从月球每得到 1 千克氦 –3 并送回地球发电，先期投入的能量折算不到 100 吨标准煤。而 1 千克氦 –3 的聚变反应能提供多少能量呢？相当于大约 20 000 吨标准煤，这可真是非常划算的买卖啊！

一旦具备了相关技术，月壤里的这些氦 –3 无疑将会成为地球上的主要能源。随着月球基地的建立，氦 –3 的提取成本也会相应降低。毕竟，人类要开发月球、建立月球基地的话，一定要从月球获得维持生命所需的种种气体才行——组成我们所习惯的空气的成分是氧气、氮气、二氧化碳，总不能连这些气体也要从地球提供吧！氦 –3 的提取和这些气体的提取是同步的，这样就可以大大降低提取氦–3的成本。

没错，**成本**。这是本书在后面的章节还会不断强调的一个词。迈入真实的空间时代，需要学会的第一件事是一切都需要精打细算地从实际出发。空间开发需要巨大的投入，而收回成本的周期却相当长——最要命的是，它偏偏又势在必行，因为地球资源总难免被我们开发殆尽，我们需要在地球还能支持我们向外开拓的时候找到向外的出路。另一方面，现实是，利润总是比理想有着更大的驱动力。所以，如何最大限度地利用好每一分投入，是任何一项空间行动必须事先仔细考虑的问题。而月球，则是验证和发展种种相关技术和设想的最佳实验室。

3.3 重返月球的热潮

能源、环境、对科学和技术的推动，毋庸讳言，还有军事方面的意义——正是基于这种种需要，重返月球的大幕又已拉开。在本书第一版问世时，恰逢日本、中国和印度纷纷加入探月俱乐部，美国、欧空局、俄罗斯、乌克兰、奥地利、英国、德国、巴西，将近两位数的国家／组织对探月行动趋之若鹜。欧空局的"智慧1号"（SMART 1，2003–2006）、日本的"月亮女神"（Kaguya，SELENE，2007–2009）、中国的"嫦娥一号"（2007–2009）、印度的"月船一号"（Chandrayaan–1，2008–2009），当然还有美国的月球勘测轨道飞行器（LRO）和LCROSS卫星相继发射，一时间月球周围热闹非凡。如今，"嫦娥三号"已经在月面完成了睽违40年的软着陆（上一次在月面完成软着陆的是1976年苏联的"月球24号"），着陆地点被正式命名为"广寒宫"；美国的"重力回溯及内部结构实验室"（GRAIL）和"月球大气与尘埃环境探测器"（LADEE）也先后发射并完成任务。除了官方机构之外，非官方的探月行动也登上了历史舞台：史上第一个前往月球的非官方行动——"卢森太空"公司的"纪念曼弗雷德月球行动"（缩写为"4M"）在2014年成功地飞掠过月球；Google公司的"月球X大奖"计划在2017年年底前发射获得优

图 3-8　"玉兔号"月球车拍下的在月面的"嫦娥三号"

胜的全部探月飞行器[1]；SpaceX 公司甚至声称计划推出前往月球轨道的商业航班。在接下来的几年时间里，中国的"嫦娥五号""嫦娥四号"将会先后发射，同样计划发射的还有印度、美国和日本的多个探测器。这些探测器担负的科学任务具体而言各有不同，但归根到底都是同一个终极目的：为未来的载人登月做准备。

　　这是再简单不过的逻辑：人类需要拓展生存与发展空间，而在此之前，先得能够把人员送上月球。这不单单是为了建设月面基地的需求，更是为了下一步载人登火行动做出技术和人才的储备。

　　大多数国家都已经提出了载人登月的意图或计划。早在2006 年，NASA 就已经公布了他们的载人登月三步走计划：首先是一次简单的、大约历时 7 天的短暂停留，地点在月球赤道附近；然后实现多次短暂停留，并使得航天员能够去到其他地方；最后在月球上某个地区做短期和中长期的停留，比较合适的地点

　　1."月球 X 大奖"目前准备发射的飞行器共有 5 个，参与的公司来自多个不同的国家。

是在月球两极附近，因为那里微弱的阳光照射时间达到 70% ~ 98%，温差较小，几乎没有明显的昼夜之分，并且离存在水冰的区域不远。美国的载人登月计划曾经因为预算问题而被取消，但在特朗普总统上任后可能得到重启，并引入私人企业的合作。目前 NASA 只计划在 2018 年年底进行"探索任务 1 号"行动，超重型运载火箭"太空发射系统"（SLS）将会首次试飞，将"猎户座号"飞船运送到环月轨道，进行无人绕月飞行并最终返回；如果试飞顺利的话，后续的环月行动中可能加入航天员，在 2021 年前把航天员送上环月轨道。欧空局打算在 2020 年重返月球，并建立"月球村"基地。俄罗斯和日本计划的时间表都是在 2030 年前把航天员送上月面。中国的探月工程按照自己的步调进行，从"探月"到"登月"再到"驻月"是三个需要一步步稳扎稳打的阶段。在"探月三步走"的"绕、落、回"分别由"嫦娥一号""嫦娥三号"和"嫦娥五号"完成之后，也将开启"登月"的序幕。

这么多国家对月球如此青睐，并不是因为月球有多么宜居。虽然已经发现了水，但月球还是没有大气[1]，也永远无法通过人工方式制造并保留一个大气层。它的质量太小，又缺失了全球性的偶极磁场，一方面没有足够的重力来"抓住"大气，另一方面也没有电离层和磁层来从太阳风的撕扯下维系住大气，双管齐下之余，哪怕给它制造出一个大气层，很快也就全部散失到空间中了。对人类的生理结构而言，这里的环境太过严苛，可改造的余地也非常小，即便将来建立起了月球基地，人类也只能在基地内生存，凡是在基地外的活动都要穿上太空行走装备。月球基地不会立竿见影地改善地球人类的生存条件，最多只是一些科研机构、工厂和前哨站，供科学研究、资源开采和其他工作用途。前往月球的人们不是移民，而是完成漫长艰辛工作的先驱。

---

1. 严格来说，月球并不是没有大气，只是没有稳定的大气。它周遭包裹着一层极其稀薄、稀薄到接近真空的气体，主要来自太阳风。这层稀薄的气体不断散失到空间中，又不断获得新的气体分子。水星的情况与此相同。

那么，既然月球永远不会成为第二个地球，为什么还要选择月球作为空间开发的第一站，而没有优先考虑矿产资源含量更高的诸多小行星，或者条件与地球更为近似的火星呢？

原因有很多。首先，除了偶尔闯入地月之间、惊鸿一现的极少数近地小行星之外，月球是离我们最近的天然天体。平均38万千米的距离对空间旅行来说只是短途，路线也并不复杂。无论是从科技上还是经济上，探月行动都是最基础性的、对人类目前来说也是简单易行的计划。先不谈探月工程对科技和工业的巨大带动效应，单单从空间开发本身而言，如果连探月都尚未完成，是无法奢谈其他天体的——这是空间俱乐部的资格考试，宇宙大航海游戏的入门关卡。未来迈向深空的新的步伐，也需要从这第一步中获取的技术储备和经验积累。

其次，虽然月球不可能成为一个适合人类居住的星球，未来的月面基地也是非常必要和可能的。无论如何，它毕竟是我们在航天科学技术上了解得最透彻的地外天体，技术上来说，最具有开发和建设的可能。月球有着种种与地球相异的物理条件，诸如低重力、无磁场、超高真空、无污染、地质构造稳定，等等，都对各个学科的科学家有着不同程度的吸引力，简直就是一个永不坠落的空间站，特别是月基天文台更是所有天文学家的梦想：像空间天文台一样不受大气干扰，而且还摆脱了恼人的姿态控制问题，可以持续又稳定地观测。前面已经说过，月球还有着丰富的资源，虽然这些资源的绝大部分目前还根本没条件开发，但哪个国家会对这么多的矿产和能源无动于衷呢？要在条件成熟时开发这些资源，除了解决归属争议的法理问题之外，月面的基地和前哨站当然也必不可少。此外，虽然没有哪一个国家愿意过多强调，但月球和月球开发所需的航天工程在军事上无疑也具有重要意义——回忆一下第二章的开头，最初的登月行动，正是在冷战的大幕下开始的。

而且，更重要的是，在月面的各种科学行动，都终将成为迈向其他天体的跳板。

人类正在慢慢学习如何离开地球，慢慢学习如何建立一个相对独立的永久研究基地，并最终建设一个能够自给自足的地外家园。人类的目标是火星，但对火星的可生存性改造不可能一蹴而就，在那之前，还需要一个测试、发展和实践相关技术的平台。不但如此，在未来的空间探索中，月球还无疑将充当中继和转运的重要枢纽，对新的空间时代来说，这是必然的趋势。

3.4 在月面

资源的就地利用（In-situ Resource Utilization），简称ISRU，这是一个探测技术、科学方法和商业运作相交叉的领域。根据NASA的月球探测分析小组给出的定义，它是指就地采集和处理原材料，并将获得的产品用于基地的运作和商业推广的技术方法。也就是说，怎么从月岩和月壤获得有用的金属矿产，怎么获得人类生存必需的氧气和水以及火箭燃料（液氢和液氧），怎么设计与建造太阳能发电厂以供给月球基地的全部能源需求，这都是ISRU的范围。空想是很容易的，理论上有无数的可能性存在，但最终需要通过实践来把理论转变为现实。如何就地取得和利用资源，这是人类在其他星体驻留必须解决的首要难题。

空间时代以来，虽然探测计划层出不穷，但一直没有长期的载人空间项目，也没有机会对ISRU技术进行尝试，导致相关的研究进展缓慢。目前的月面ISRU研究，基本上还是在地球上应用模拟月壤进行的。

月壤的主要成分是月面的风化物，由岩石碎屑、粉末、角砾和撞击时产生的熔融玻璃组成，结构松散，成分复杂。地球上进行的种种关于月面行动的实验，都必须要在模拟月面的环境中完成。可是，人类从月面上获得的样品是很有限的。除了少量来自月球的陨石之外，美国在历次探测行动中获得了381.7千克的样品，苏联仅有0.321千克。我国到目前为止只有由美国政府赠送的1克月岩样品，其中0.5克由中科院地球化学研究所等极少数单位用于分析研究，另外的0.5克样品现存北京天文馆。这么一点点样品当然不足以用来测试任何新技术，在实验中，只能利用月壤模拟物来模拟月面的环境条件，用倾斜的斜面来模拟月面的重力条件。月壤里的各种物质成分都能在地球上找到，但月壤模拟物必须在矿物组成、化学成分和种种物理力学特性等方面都和月壤相似，要求非常严格。由于"嫦娥工程"的需要，我国也研制出了自己的模拟月壤，并在"嫦娥三号"和"玉兔"月球车的训练中得到了检验。

在未来的对月探测行动中，我们终将可以真正在空间中实践和发展 ISRU 技术。本章开篇对月球资源开发的种种设想，可能即将有机会在月面得到实践的检验。由此开发出来的相关技术，也将很快运用到下一步的空间旅行中。很显然，不光是月面开发，任何载人长期空间行动都需要 ISRU 的支持，比如火星之旅。原因很简单，稍微计算一下运输成本就可以发现，依赖地球方面的供给来建造和维持一个空间基地是根本不可行的。这还没有考虑到地球方面的资源问题：别忘了，我们迈向空间的一大动力，就是寻求更多的生活资源和生存空间，要是地球方面完全没有资源压力，人类又何必前往太空冒险？所以，只有解决了 ISRU 问题，使得未来的人类有能力在空间中达到自给自足，摆脱对地球的依赖，才能够真正迈进空间移民的时代。以下各个段落的字里行间，ISRU 四个字母都无处不在，其中一些还只是接近于科幻小说的构想，有待于科学论证和未来空间任务的检验。但总而言之，把 ISRU 技术视为未来人类的安身立命之本，一点也不为过。

首先，确定无疑的是，第一步的建设物资需要从地球运送，比首批建设人员更早登上月球。这包括基建材料，也包括液氢、液氧等原料，可以成批地在月面软着陆。从月球的"原始"状态完全白手起家是绝对不可能的，但一些简单的前期工作也许可以先由机器人（在这里使用这个词指的是能够自动执行任务的机械装置，并不是科幻电影里有手有脚、会跟你讲俏皮话聊天的小可爱）完成，再由航天员来接手。然后，在建立起初步的月面前哨站之后，就可以从月岩和月壤里得到铝、硅和铁作为建筑材料，而氧和水则是维生的必需——虽然月球矿物种类相对单调，冶炼也因为种种条件限制而异常复杂，但总比从地球一趟趟长途运输要经济得多。一定程度上的自给自足是必需的，否则不管多少国家对月球基地兴致勃勃，最后都得败兴而归：谁也顶不住把空间飞船当网购快递一样使唤啊。每发射一次火箭都是在能源上和经济上的双重消耗，能够运输 100～150 吨物资，耗材、补给和维生物资都在其内，必须精心规划，充分利用这有限的载荷量，最大限度地降低建设基地的成本。

幸运的是，在月面上采矿是很方便的：它表面只有不算厚的月壤层，用简单的机械就可以开采。而且，在低重力环境下，机械的组装和搬运都比在地球上容易许多。所有这些开采设备都是用电池的，月球上的白天长达 14 个地球日，我们只要在月球表面建立起并联式的太阳能发电厂，就可以在漫长的白昼期间获得丰富而稳定的太阳能。别忘了月球表面的氦 -3，当条件具备之后，一个小小的核聚变电站就可以一劳永逸地解决月面基地的所有耗能问题。

由于月面环境和地球有着巨大的差异，除了获得必需的能源和材料之外，月球基地的建设和人类的驻留还需要解决很多细节问题。

月球没有大气，近似真空，昼夜温差高达 300℃，需要稳定的系统来维持基地内的气压、气体成分、湿度和温度。航天员不可能在基地内还时刻穿着笨重的太空行走航天服，何况航天服本身也有使用时间的限制。所以基地系统的稳定性非常重要，必须把各种意外和失误的概率降到最低，有时一个小小的疏忽，可能就会危及驻留人员的生命安全。

月球没有全球性的偶极磁场，岩石的剩磁也非常微弱。它给我们造成的麻烦并不只是无法使用指南针那么简单，更大的问题是，由于没有磁场保护，来自宇宙空间的辐射将会直接威胁到人体的安全。月面上的辐射主要是太阳高能粒子和宇宙射线，这两种辐射各有特点，前者通常零星爆发，后者则是连续、广布的，对它们而言，比较理想的辐射盾材料是以碳－氢化合物形式存在的氢，或者氧气和水（1～2 米深的水可以起到非常好的辐射盾作用），但这对月面来说都太奢侈了。幸运的是，防辐射的办法是现成的，并且简单方便：只要在基地的屋顶和墙壁上堆上厚厚的月壤，或者干脆使用月壤制造的水泥来修筑房屋（这并不是什么天方夜谭，前面说过，月壤的各种特性和火山灰相似，而古罗马人使用的最早的水泥就是用火山灰制造的），就能够在很大程度上隔绝强辐射的危害。不过这需要月壤的厚度足够厚，至少需要堆个好几米才能达到效果。

　　另一方面，没有像地球那样浓密的大气层的保护，月面基地必须考虑来自陨石撞击的风险。2011 年，JPL 的一群科学家比较了 LRO 和 Apollo 对同一地区的照片，数出了 5 个新的撞击坑。2013 年，照片上的区域又出现了两个新的撞击坑。最后，在 LRO 拍摄的大约一百万张照片中，比较出了至少 222 个新撞击坑，在 7 年的时间里随机分布于月球表面，直径在 2 米到 43 米之间。

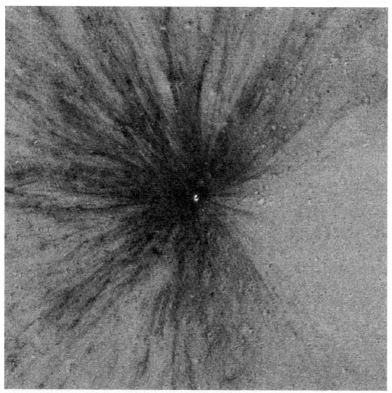

图 3-9　月面上一个在三年前刚刚诞生的崭新撞击坑

图片来自 NASA/GSFC/Arizona State University

这个数字比此前估计的多出了三分之一，看来，未来的月球基地确实需要在抵御来自空间的撞击上花费一些精力。

考虑到以上情况，笔者推荐的建设方案是"延安式窑洞"的月球基地：在月球的山体旁，用机械向山体内开凿洞室，根据需要将洞室连接起来，组成一个地下或半地下的基地，基地内设置工作区、生活区、能源区、生活保障区、外出过渡区等功能区。这对月面的超强辐射、巨大温差和超高真空环境可以形成天然而有效的防御。同时，由于月球表面的重力只有地球的 1/6，而且几乎没有地质活动，地下基地的稳固和安全是非常有保障的——低重力条件并不是只会带来坏处，固然它对人体的生理结构是一个重大的挑战，但低重力环境下对建筑材料的强度要求大大降低，同时即便出现事故，压砸导致伤害的可能性也小得多；在月面上发射运载火箭也远比从地面发射要节省燃料；更为重要的是，某些特殊材料和生物制品只有在低重力条件下才能生产。

月壤能够方便地帮我们解决辐射问题，但它曾经给此前的探索行动带来大堆麻烦。月球车曾经在撞击坑边缘的松散月壤上打滑和陷落；沉降在太阳板上的月尘降低了太阳能发电的效率；沉降在光学仪器上的月尘让仪器难以继续工作。月尘附着在宇航服上，跟随航天员回到太空舱，不但会给宇航服的重新组装带来麻烦，还很可能对航天员的健康带来危害——航天员吸入带有月尘的空气，粉尘进入肺泡后沉积下来，久而久之会造成"矽肺"，严重影响呼吸系统的健康，除了开胸洗肺之外无法治愈。

虽然也算是"土壤"，月壤对地球上的作物并不友好。它缺乏农作物所必需的氮、锌、硼等微量元素，当然更没有有机肥料。而且这里没有空气，勉强算是有水（但也需要从远处取来灌溉），昼夜交替的周期加起来长达 28 天，要种点什么东西可不容易。一个比较可行的设想是，在月壤中加入某些可以改变岩石性质的微生物。在地球上使用模拟月壤进行的实验表明，有些微生物能够在极端条件下生存，在一定程度上改善岩石粉末的性质，使得植物能够获取譬如钾这样的必要元素。植物学家和微生物学家们正对此进行研究，如果这个设想能够成功，就可以在基地内利用月壤较大规模地种植作物。在此之前，月球基地的食物只能通过水培方式无土栽培，或者依赖化学物理方法合成，甚至依靠地球方面供给。后两种办法获取的食物，味道大概都不可能太好。

3.5 空间的跳板

最初的几批月球居民，生活无疑将会相当枯燥和艰苦。他们必须是人类精英中的精英，在生理和心理上足够健康，经过严格的科学训练，具备建造月球前哨站的能力。他们面对的，是低重力、超高真空、巨大温差、一昼夜长达 28 个地球日、随时面对强大宇宙辐射——简言之，是和他们自己的成长环境和他们祖先的演化环境完全不同——的自然环境。这是对人类生理极限的严苛挑战。同时，他们的心理极限也面临严峻考验。孤独感是必然的，同伴非常少，家园在几十万千米之外。工作无疑会非常繁重，而工作周期不可能太短，合理估计每次派驻至少不会低于国际空间站（ISS）通常执行的六个月期限，很可能还会更长。在月面的每一分钟都需要极其小心谨慎，些微的疏失可能造成人命关天的后果。基地和后勤系统在人员正式进驻前必然经过了无人行动的验证，但任何系统的可靠性都不可能是完美的 100%。所有这些都会造成巨大的心理压力，月球派驻者的心理健康将会是未来的心理医生持续关注的问题。

在任何时候，低重力和辐射始终是在空间中威胁航天员健康的两大主要因素。即便防范措施做得再到位，人员也总有暴露在辐射下的时候。月面的医疗水平很可能无法处理所有状况。一些基础的药物是必备的，在补给中临时加入特定需要的医疗物资也很方便，远程诊断系统届时应该和面对面的问诊区别不大，但如果遇到紧急外科手术，也许就得靠机械手和远程控制了。

整个月球基地的建设周期无疑会非常长。尤其是早期，食物、空气乃至水（虽然月面上有冰）都必须从地球供应的时候，投入是极其高昂的，因而只可能是短期驻留。前面说过，航天员每在国际空间站上待一天，消耗的平均成本是 7 500 万美元（把所有投入的总额分摊到人·天上），早期月面的每一分每一秒也都是"烧钱"。会有一系列的无人行动配合基地的建设，比如在通信中继、导航、能源等方面的支援。只有建筑和初期的设备都已齐备，能够从月壤和月岩中得到空气和水之后，大规模的基地建设才可能正式步入轨道。

如同笔者此前不断强调的，月球很难被改造成一个宜居的星球。月面的基地不是居留用的。月面前哨站的主要意义，在于开发月面资源，实践 ISRU 技术，利用月面的特殊环境进行科学研究，以及，有朝一日，成为进军更遥远空间的中转站。我们也许可以在月面上建立大型的发射场，未来飞往火星的大型飞船可以先把部件发射到月球，然后再组合成型。飞往火星或者更远天体的乘客可以乘坐小型的、具备更强防辐射功能的飞船通过范艾伦带[1]，

图 3–10　NASA 设想的月球早期前哨站概念图

----

1. 范艾伦带是环绕在地球周围的一个带电粒子捕获区，是由地球磁场俘获太阳风中的带电粒子而形成的。它包括大量的高能质子和高能电子，会对人体造成强烈的伤害。经过范艾伦带的载人飞船必须具备严密的防辐射保护。

再到月球换乘大型飞船。一切都是可能的，但需要克服的困难还很多。除了科学技术上的种种难关，还有经济上的巨大投入和漫长周期、相关法律的空白、归属权的争夺、军事上的种种可能，这都有可能对未来月面基地的发展造成障碍。

但不管怎么样，总有一天，人类会把月球改造成通往空间的跳板。它是一个天然、庞大、稳定的空间站，既是空间探测的前哨，又是空间旅行的中继站和发射场。宇宙大跳棋的第一步已经走出，棋子拈在我们手里，下一个目标早在一个世纪之前就已经进入了我们的视野。它是太阳系中和地球最为相似的行星兄弟，一直披着神秘的面纱，种种奇妙的痕迹不断地在空间探测器的视野中暴露出来，虽然只是管中窥豹，却更令人目眩神迷。我们情不自禁地在它身上寻找着生命的痕迹，试图证明自己在茫茫宇宙间并不孤单。这个或清晰或模糊的生命背影，也许正是地球未来的虚像。而现在，我们正梦想着重拾生命的妙笔，将它打造成另一个地球。

它是**火星**。

第四章

火星：生命的背影

瞧，有光焰一点迎面而来，

宛如火星在晨曦的遮掩下，通过浓雾，红光闪闪。

——但丁《神曲》

假设有这么一艘时空飞船，可以载着我们来到45亿年前：太阳系的婴儿时代。

那个时候，太阳系的家族成员中，各大行星业已形成。8颗大行星分为两类：距离太阳较近的水星、金星、地球和火星是类地行星，它们具有固态的岩石表面，质量和体积都不大，密度很高，含有较少的挥发性元素，4颗类地行星加起来只有3颗卫星；距离太阳较远的4颗行星，木星、土星、天王星和海王星，是类木行星，所有特征都和前面4颗类地行星相反：质量大、体积大（因此又叫巨行星）、密度低、自转快，挥发性元素丰度高，每一颗类木行星都拥有大量的卫星，自成一个小家族。

火星是在地球轨道外侧与地球相邻的行星。既然我们选择把它打造为另一个地球，有必要把火星和地球进行一下对比。

火星的公转周期是686.97个地球日，自转周期是24小时37

分 22 秒，和地球的自转周期相近。它的赤道面与公转轨道面的夹角为 25.19°，这与地球目前的黄赤交角 23.4° 相当接近[1]。火星比地球小，平均半径 3 389.5 千米，是地球半径的 0.532 倍；质量是地球的 10.7%，赤道的表面重力是地球的 37.7%。这颗行星的南北极都有干冰和水冰组成的白色极冠，有大气，但远比地球大气稀薄，大气压只是地球大气压的 0.5% ~ 0.8%；大气的主要成分是二氧化碳，约占 95.97%，氩气占 1.93%，氮气占 1.89%，

图 4-1 火星的真彩色照片，这是最接近人眼色视觉的效果

"罗塞塔号"拍摄于 2007 年。图片来自 ESA/MPS/UPD/LAM/IAA/RSSD/INTA/UPM/DASP/IDA

---

1. 由于自转轴的摆动，这个交角并不是固定的。在过去 500 万年中，地球的黄赤交角值在 22° 2′ 33″ 和 24° 30′ 16″ 之间缓慢变化。火星的赤道面与公转轨道面交角也会在长时间内发生变化。

氧气很少，只有 0.146%[1]。火星表面白天赤道附近的最高温度可达 20℃，晚上则降到 –80℃。

与月球相比，火星上的环境对生命而言"温和"了许多。这也正是我们选择它的原因。

4.1 混乱的童年

在类地行星们的形成阶段，曾经拥有以氢和氦为主体的原始大气，来自原本的太阳星云，就和现在的类木行星们一样。那个时候的太阳风比现在要猛烈得多——像太阳这样的恒星，在童年时代通常会经历一个大量喷发物质流的非常不稳定的阶段，也就是天文学家所谓的"金牛 T 型星"阶段。猛烈的星风横扫整个初生的太阳系，清扫掉了太阳系内围所有还没被行星吸附的物质，同时把类地行星的原始大气撕扯下来，抛到了空间中。

类地行星们在不久后将要拥有的大气来自于行星内部，是由剧烈的火山活动喷出的。在行星形成过程中被封存在行星内部的挥发性物质（包括水蒸气）和火山喷发的熔岩一起冲出地表，这个过程称为行星的去气过程。金星、地球和火星都重新拥有了自己的次生大气层；水星由于离太阳太近，自身的质量又太小，次生的大气也很快散逸，只能维持非常稀薄的大气。

45 亿年前的太阳远不如现在明亮。像太阳这样的恒星，在正常寿命阶段，发光量是随着年龄的增加而逐渐增加的。当时的太阳发光量比现在低 30%。如果现在的太阳保持当时的亮度，现在我们也就无须担心温室效应或者冰川融化之类的问题了——不，大概根本无须担心任何问题：地球表面的温度将直接降到冰点以下，能量来源也不足以支持生命存在。不过初生的行星并不需要太阳提供热量，它们的表面还是炽热的，需要的是把温度降下来，让液态水、继而让生命得以存在。

假如当时恰好有某种智慧生物在遥远的星球观察这个小小的

---

1. 基于"好奇号"火星车探测结果的数据。

新生星系，他们会怎样看待太阳系呢？也许就像我们现在看待某些遥远的太阳系外类地行星那样，随手记录下质量和距离之后，判断一下具备生命条件的概率，随后列入一长串类似天体的名单的尾部？无论如何，那个时候的太阳系，看起来对生命是相当苛刻的。

然而我们的太阳系一直在不断演化。40亿年前，木星和土星之间的相互作用让它们达到了轨道共振，轨道周期变为1:2，木星每围绕太阳运行一周，土星刚好运行两周。这两颗巨行星的共振影响到了外围的巨行星，天王星和海王星被推向太阳系外围，开始了盛大的行星迁移。整个外太阳系发生了翻天覆地的变化，海王星闯入了小天体聚集带中，把大部分的冰质小天体驱赶向太阳系内侧。这些飞奔向内太阳系的小天体绝大多数被木星的巨大引力影响，轨道被高度拉伸，变得非常扁，甚至几乎被抛出太阳系——还记得我们在第二章提到过的引力加速么？这就是一个自然界的例子。作为动量交换的结果，木星的轨道可能向太阳系内侧稍微迁移，并且脱离了与土星的轨道共振；而海王星则可能向外迁移了7个天文单位之多——它在形成时的位置原本可能比天王星离太阳更近——直至再次达到稳定共振。

这些被巨大行星驱赶的微小天体，最终分别形成了奥尔特云、柯伊伯带和黄道离散带。剩下那些没能被木星"弹射"出去的小天体则进入了内太阳系，冲向了太阳和类地行星。

在巨行星们大幅改变轨道的同时，类地行星们的轨道始终保持着稳定。内太阳系上演的是另一幕大戏：一直持续到38亿年前的"晚期重度轰击"（Late Heavy Bombardment, LHB）。撞击对类地行星们来说是司空见惯的事儿：它们从

> 轨道共振指的是两个天体的公转周期成整数比。天体间的周期通约，使得彼此之间的摄动，也就是引力相互影响的规律不会随着时间的流逝而变化，整个系统的运动由此达到相对稳定。一个典型的例子是木星的卫星们，木卫三、木卫二和木卫一的轨道周期长度是4:2:1。其他常见的共振周期还有1:3，2:3，3:4，3:5，5:7等。天体间的共振在太阳系中非常常见，只要演化的时间足够长，在没有外界扰动的条件下，系统几乎总能达到某种类型的共振。

还是太阳星云里小不点的星子时代起就不断地在撞击中成长，形成过程的最后一步正是所谓的"大撞击"（Giant Impact）阶段，大小与月球和火星相当的行星胚胎们相互碰撞融合，最后的幸存者独霸绕日运行的轨道，取得"行星"的资格。月球很可能正是因为一次大撞击而产生，年轻的水星很可能也是由于同样的撞击而损失掉了一整层外壳，把高密度的内核暴露出来。被巨行星赶入内太阳系的小天体继续着类地行星受到的碰撞，整个内太阳系热闹非凡，充斥着撞击和爆炸的闪光——只有闪光，行星际空间没有可供声音传导的介质。月球遭到了严重的轰击。来自阿波罗计划的月岩样本表明，在月球形成之初，由于强烈的撞击作用，月面发生广泛熔融，形成了深达上百千米的岩浆洋。金星和地球理应未能独善其身，但由于活跃的地质活动，那个时代的绝大部分地壳没能保存到现在[1]。

火星的南北半球地貌出现了巨大的差异，位于火星北半球的巨大撞击盆地是亚洲、欧洲和大洋洲的面积总和，冲击波甚至直接影响到了南半球。如果火星再小一些，说不定会因为这些撞击而变得支离破碎。

晚期重度轰击期前后持续了三亿年，在此期间，类地行星们继续着自己的演化——当然，太阳系的其他天体，包括太阳本身，也在不

图4-2 约45亿年前，一颗火星大小的胚胎行星撞向地球，撞击溅出的物质将会形成月球

图片来自 NASA/JPL-Caltech

---

1. 远古的地壳只有少量岩石得以留存。地球上已知的最古老的矿物是发现于西澳大利亚的一些锆石晶体，年龄为44亿年。

断的演化当中，但我们暂时先只要关心地球的近亲就好。行星的演化主要受两个因素的影响：一是行星本身的质量大小，二是行星和太阳的距离。行星的质量大小决定了行星内部能量的产生、积累与传导，简单来说是决定了行星内部有多热、能热多久。行星内部的圈层结构、岩浆活动与演化能力都是由此制约和主导的，由内而外，对行星大气层和水体的发育也有着深刻的影响。

原始的太阳星云物质分布不是均匀的，由内而外有明显的梯度变化，所以行星形成时离太阳有多远，这决定了行星整体的初始成分。类地行星没有剧烈的轨道变化，形成时与太阳的距离也就是后来演化过程中与太阳的距离，这个距离制约了行星的空间环境，不但影响表面大气层和水体的发育，还影响着表生地质作用过程与表面环境。大致来说，距离主"表"，质量主"里"，质量和距离两个因素相耦合，就制约了行星的形成和演化的复杂过程。

图 4-3　火星与地球的大小比较

由于木星巨大的引力影响，火星未能成为一颗与地球大小相仿的行星。图片来自 NASA/JPL

对质量小的类地行星，比如水星而言（月球虽然不是一颗行星，在演化上也归入此类），由于体量小，加热快，散热也快。它们从形成开始就因为密集撞击受到急剧加热，于是早期构造火山活动剧烈，并分异成壳、幔和核，但是星体散热很快，固化得太早，内部物质还没有来得及充分的分异调整，行星就已经凝固了。火山活动喷出了大量的气体，但因为行星质量太小，都没能捕获和保留下来，于是也没有稳定的大气层，当然也就缺乏水体。由于地质活动早已停止，而没有大气层也就没有风化作用，改变地形的内因和外因都不具备，因此在行星表面还保存着古老的火山地形、撞击盆地和环形坑，演化在几十亿年前就已经结束了。

质量大的类地行星，比如地球和金星，在形成后同样受到急剧加热，产生强烈的构造岩浆作用和火山活动。但是它们质量大，散热比较慢，能够在长时间里保持住明显的构造岩浆和火山活动，内部物质的分异一直持续下去，壳、幔和核得到充分演化。去气过程释放出的产物被行星引力捕获，形成稠密的大气层。随着行星表面温度的降低，大气中的水蒸气成为降水，在星球表面形成水圈。但只有地球与太阳的距离适度，表面温度始终保持在能够保留全球性水圈的范围内，并演化出了复杂的生物圈。目前，除了地球之外，尚未发现其他行星或卫星具有板块构造，也许海底扩张、大陆漂移与板块运动是地球特有的地质演化特征。

至于火星，它的质量介于两者之间，于是呈现出了过渡型的特征。它早期的构造岩浆活动剧烈，内部物质的分异调整也还算得上充分，内部热量的积累与失散都介于水星与地球之间，当前已经没有明显的构造岩浆活动与火山喷发。由于火星是距太阳最远的类地行星，所处的位置铁族元素相对匮乏，构成它的原材料里铁、镍成分就比地球和水星少，所以难以像前两者那样形成一个铁–镍核，更可能拥有的是一个铁–硫化铁核。火星曾经捕获过去气过程产生的气体，构成大气层，但后来逐渐散失，现在的大气层相当稀薄。它的表面有显著的风蚀作用，加上冰水和早期水流的侵蚀与堆积作用，使火星的地形得到一定程度的改造，不像水星和月球那样近乎一成不变。

总的来说，在类地行星们形成后的极早期，经历的事件是基本相同的：强烈的构造岩浆活动和火山喷发，还有持续的撞击作用，是类地行星童年的两大主旋律。然后，行星表面的岩浆作用与构造活动、地外物质撞击行星表面的频度，都随着时间的流逝而急剧减少。它们的演化历程从此分道扬镳。

我们确知，经过漫长的岁月，其中一颗行星最终演化成为生命的乐土。我们不清楚的是，在另一颗行星上是否存在或曾经存在生命。

让我们继续关注它们的成长。

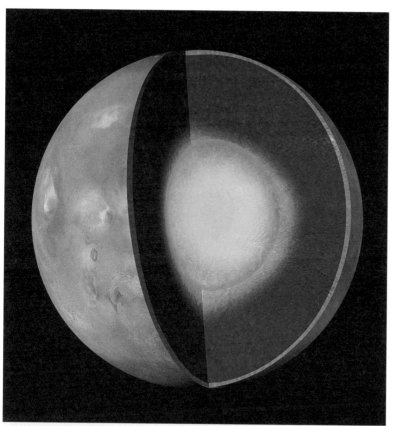

图4-4 科学家相信火星至今仍有一个热的核，其直径可能是火星直径的一半。火星核的密度比地核小，这表示火星核中含有较轻的元素，比如大量的硫

图片来自 JPL/NASA

4.2　襁褓中的兄弟

必须再次提醒亲爱的读者，推测、假说、理论等词语将是本章的关键词。我们就像是一个追查陈年旧案的侦探，面对着远古残留的蛛丝马迹，小心翼翼地进行调查和推理。更为不利的是，我们几乎无法从现场获得实物。探测器每天都在辛勤地工作，不断发回数据，然而分析数据的思路和方法因人而异，即便是受过相同的科学训练，面对相同的线索，也有可能提出完全不同的理论。科学家们就像盲人摸象那个故事一样，不断地窥视到某些过程的片段，但有的片段有可能被误读，有的尚未能够与其他片段拼到一起，有的甚至可能根本不属于这一头"象"！探寻真理的道路有无数的分岔，常常需要在碰壁之后果断回头，而且在真正碰壁之前，人们很难意识到自己的错误。即便如此，我们也毫不怀疑，科学总能引导我们最终探明火星的历史，正如我们也毫不怀疑，迄今的许多理论还都有待完善一样。

科学家的任务是从观测的事实出发，建立种种理论模型，并尽量使之与观测数据相吻合，能够解释已知的事实。这些模型之所以还被称为是"假说"，就是因为它们还无法解释和预言某一领域里的全部事实。因此，将会有一些独立看来似乎都很合理，但放在一起又彼此冲突的观点出现在本书中。它们各自有能解释的地方，也有不能解释的地方。当观测揭示的事实积累得越来越多，总有一天，会有新的、更优越的理论出现，但那一定建立在各种思考和尝试的基础上。

虽然火星已经是除地球之外被研究得最多的行星，但必须承认，对它的地质结构和演化历史，人类的认识非常有限。因为载人登上火星实地考察，按照最乐观的时间表来看也还需要十几年的时间，目前甚至连携带样本返回都尚未做到，除了空间探测器就地分析的数据，能够获得的就只有来自火星的陨石样本。

和地球的岩石一样，地质学家也可以通过测定火星岩石的**放射**

性同位素衰变来获得岩石的年龄。放射性同位素是岩石携带的"时钟"，它们的行为非常有规律，每过一个固定的周期，就有一半的原子衰变成另一种原子。这个周期叫做半衰期，每一种放射性同位素都有自己特定的半衰期。因此，只要研究某种放射性同位素衰变前和衰变后原子的数量（实际上对比的是这种放射性同位素的含量和衰变产物的含量），就能计算出岩石在诞生之后经历了多少个半衰期，也就知道了岩石的年龄：我们称之为绝对年龄。

这个方法已经用于测定火星陨石的年龄。火星陨石是火星经受小天体撞击后溅射出来的岩石碎块，在空间中经历了长时间的游荡，落到地球上而被发现的陨石。我们能够测定的不光是火星陨石从诞生到现在的年龄，还能测定它在行星际空间运行的时间，以及它降落到地球以后的"居地"年龄。但是，我们虽然可以测定一块火星陨石各个阶段的年龄，却无法知道它作为一块火星岩石在火星上所处的位置。而且，火星陨石的数量毕竟太少，至今确认的也才一共只有 157 块，难以借助它们对火星的演化历史作出全面的还原，只能对火星演化史的构架作出一些关键性的补充。

对行星地质学家来说，通常的做法是按照撞击坑的密度来估算行星表面的年龄。这是一种相对年龄：一个地方的地质年龄越老，它暴露在小天体撞击下的时间就越长，被撞击的概率当然也就越大。因此，撞击坑密集的地区，其年龄就比撞击坑稀少的地区老。

综合上面两种方法并结合模型分析，可以把火星的地质年代大致分为三个阶段：

- **诺亚纪**（Noachian Era），46 亿～37 亿年前。还可以细分为早、中、晚诺亚世。代表性地区是南半球古老的诺亚高原。

- **西方纪**（Hesperian Era），37 亿～31 亿年前。细分为早、晚西方世。代表性地区是南半球的西方高原。

- **亚马逊纪**（Amazonian Era），31 亿年前至今。细分为早、中、晚亚马逊世。代表性地区是北半球的亚马逊平原，这是一个被火山熔岩填平的年轻平原。

此外，还有另一个可供参考的判断方法。的确有这样一个天体，人类曾经从它上面取得过岩石样本，很清楚各种地形地貌和主要岩石类型的地质年龄和撞击的年龄；它离火星不太远，体积差别也不算太大，遭受撞击的概率可以相比较；这个天体在远古时代就已经冷却，没有大气和水的风化和侵蚀作用，从那之后的所有撞击痕迹，都原原本本地保留了下来。

这个天体就是月球。火星的地质年代划分，是参照月球的状况，再考虑大气的影响、质量和大小的差异、被撞击概率的差异之后，做出的估计。

诺亚纪早期是火星的襁褓期。它在不久之前刚刚扫清了自己的轨道，正式成为一颗行星。在它的轨道外侧是庞大的木星，在晚期重度轰击期，木星曾经保护过内侧的火星和地球：它巨大的引力使得飞奔向太阳系内侧的大量小天体被加速到非常扁的轨道上，继而抛向太阳系外围，行星小兄弟们（木星是整个太阳系里最先形成的行星，类地行星的年龄总体比类木行星小）受到的撞击因此减轻了许多。

不过，火星未来注定的不幸也正是由木星引起的。如果没有木星的巨大引力影响，火星理应能够成为一颗与地球大小相仿的天体，而现在，它的质量只相当于地球的1/9。更小的质量意味着更小的引力能、更快的散热速度和更低的表面重力。火星初期的温度比地球低，冷却固化比地球快，偶极磁场的消失虽然比月球晚

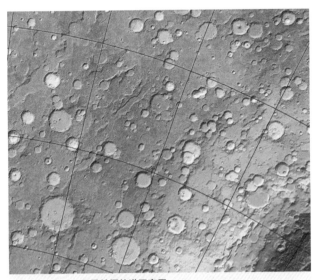

图 4-5　MOLA 卫星拍摄的诺亚高原

图片来自 NASA/ 亚利桑那州立大学

一点，但却比地球早得多；它难以维系比较浓密的大气，只能保留一层稀薄的大气层，这又让它留不住水分，成为现在这种荒芜冷漠的样子：这一切的一切，几乎全都可以追究到质量不足这个根本原因上。

这可真是一个两难的境地：倘若没有木星的影响，太阳系现在也许就有两个地球（金星的质量和体积也和地球非常相似，但它一开始就离太阳太近了，随着太阳辐射的逐渐增强，很难具备适合生命的条件），人类能够方便地在两个星球间来回迁徙，这可多么美妙！可是，没有木星的话，类地行星们在晚期重度轰击期所遭受的撞击将更为强烈，很可能生命的种子在萌芽时分就遭到扼杀，我们也许根本不会来到这个世界上。

当然，在诞生初期，火星和地球的差别并没有那么明显。它比地球形成得稍微早一点点，星核的生成也要早一些：火星更早达到了内部的熔融状态，内部物质开始分异，按照轻重顺序分出层次，较重的铁和其他亲铁元素落向中心，最终形成一个主要由铁和铁的化合物组成的核。火星在形成的时候得到的铁族元素比地球少，反而是熔点较低的硫元素可能较多。对火星内部质量分布的研究也表明，火星的核更可能是一个铁 – 硫化铁核，而不是像地球那样的铁 – 镍金属核。

火星早期熔融状态的初始能量来源已不可考，最大的可能是一次巨大的撞击；但星核形成的时间则有迹可循，行星地质学家判断距太阳系起始点 700 万 ~ 1 700 万年之间（作为比较，地核的分异要比太阳系起始点晚上 3 000 多万年）。让他们推断出上述结论的，是火星陨石里**钨的同位素**含量。

没错，就是我们耳熟能详的，在爱迪生和电灯的故事里扮演过重要角色的钨。它是一种亲铁的金属元素，在形成核的过程中，很容易跟随铁元素的脚步，和铁一起来到火星核中。但现在从火星陨石里找到了钨，其中的一种同位素钨 –182（^{182}W）含量还异常的高。这种异常代表钨 –182 有额外的来源：它是由别的元素衰变而来的。

什么元素会在火星的岩石里衰变成为钨呢？候选者只有一

位，铪 –182（^{182}Hf），它可以衰变为钨 –182。而且铪元素与钨的亲铁性质不同，它更倾向于富集在硅酸盐星幔融体中。不过，

行星地质学家是一群受到诸多条件限制的聪明家伙，他们无法像对地球那样通过分析地震波来得出关于内部构造的推测，只能利用一些更为简洁的手法，比如根据火星化学组成的模型，通过实验来研究火星内部物质的分异和调整；通过研究火星的自转方式，来分析火星内部的密度分布。火星的热历史、火星核的大小和密度的计算，还有核是液态还是固态的推测，也都可以从各种途径做出判断。

来自火星的陨石又常被称为 SNC 陨石。这是因为火星陨石中最早被发现的三块分别来自印度的 Shergotty（1865 年）、埃及的 Nakhla（1911 年）和法国的 Chassigny（1815 年），它们恰好又是火星陨石中三个主要类别的代表，三块陨石的首字母加起来，就是 SNC。凭什么判断这些陨石来自火星呢？主要的证据有三个。第一，这些陨石里的物质，除了最古老的 ALH84001（约 45 亿年）和 NWA7034（约 44 亿年）之外，年龄清一色都没有超过 13 亿岁。也就是说，它们是在一个 13 亿年前还有岩浆活动的天体上结晶析出的，这只可能是某颗较大的类地行星，说白了就是金星或火星。来自金星的物质要克服太阳引力向外飞到地球上是很难的，火星的可能性要大得多。第二，这些陨石的情况与火星软着陆器和火星车对火星土壤的分析结果相当吻合。第三，经过化学组成和同位素分析，这三类陨石里所包含的气体的同位素组成，比如氮 –15（^{15}N）和氮 –14（^{14}N）的比例，和火星大气的同位素组成非常接近，与地球大气的情况有所不同。

除了氮之外，氧同位素的组成也是一个有力的证据。氧的同位素有好几种（^{16}O、^{17}O、^{18}O），它们的原子核里都有 8 个质子，但中子数各不相同。来自不同天体的陨石，所含有的各种氧同位素的组成是不同的，这相当于陨石的籍贯证明，是判断它们来源的重要依据。我国目前拥有两块火星陨石，都来自南极内陆的格罗夫山一带，由南极科学考察队获得。

奇妙的是，13 亿年前形成的火星表面属于晚亚马逊世，这个地质年代所形成的地表只占整个火星表面的一小部分。那些更多、更老的火星岩石为什么没能来到地球呢？这还是一个谜团。也正因为如此，火星陨石能够为我们揭示的，只是火星演化历史上的小块"补丁"，还有更大片的信息空白，需要到火星上去才能补齐。

铪–182 的半衰期非常短，"只有"900 万年，对行星演化来说只是短短的一瞬间[1]。如果火星的核花了很长时间才形成，那么铪–182 早就大部分衰变成了钨–182，跟着铁元素沉到火星核里了，根本剩不下多少来留在火星表面的岩石中。既然现在这些相当年轻的火星陨石里含有明显太多的钨–182，唯一的可能就是，火星的核在非常早的时期就已经形成，把足够的铪留在了地表。

也就是早诺亚世。

此时的火星表面，正是火山活动剧烈、小天体撞击频繁的时期。火星上的火山比地球上我们现在知道的那些要大得多，光是塔西斯高原（Tharsis）区域的巨大火山群，喷出的岩浆就足够淹

图 4–6　来自火星的陨石 ALH84001

　　ALH 表示它来自南极地区的阿兰山，84001 表示它是 1984 年发现的第一块陨石。这块陨石的形成年龄是 36 亿岁，暴露在宇宙射线中的时间（也就是它离开火星漂浮在空间中的时间）是 1600 万年，居留在地球表面的时间是 1.3 万年。图片来自 NASA

----

　　1. 铪–182 这类半衰期特别短的放射性元素有时被称为"灭绝核素"，因为它们的半衰期远小于地球的年龄，在地球上已经全部衰变成其他元素，无法探测到，相当于"灭绝"了。

没整个火星表面 2 千米之多。

和岩浆一起喷出的还有大量的气体。按照行星演化的理论推测，这时候火星上的去气作用，放出的气体主要成分应该是水、二氧化碳、一氧化碳、二氧化硫、氯气、氢气、氮气、氩气和氨，没有氧气；和所有行星刚刚获得的次生大气一样，是还原性的大气层。

和地球的最大不同是，在火星的早期大气里，二氧化硫的含量可能要高得多，因为火星在形成的时候就很可能含有更多的硫（请记住这种气体，它在之后的火星演化中还会扮演重要的角色）。那个时候，火星的内核还处于熔融状态，和现在的地球一样有着全球性的偶极磁场，维系着火星磁层。磁层屏蔽了带电粒子，让大气层不会被太阳风撕扯开来。

此时的火星表面，比现在要温暖得多——对生命来说，甚至可能过于温暖了。一直要冷却到一个合适的温度，大气中的水蒸气才能够转化为降水，落到行星表面。童年的火星应该和地球一样经历了长时间的超级暴雨，这场雨来得无疑也比地球早一些：火星的质量和体积比较小，距离太阳也比较远，因此降温也会更快一些。一个合理的推测是，火星先地球一步，到达了适合生命的温度。

如果这颗红色行星的过去要拥有生命，光是拥有合适的温度显然还不足够。液态水是必需的，我们已经在第一章详细描述过它的重要性[1]。有机碳和为生命提供的能量是另外两大要件，用以检验一颗星球上是否可能具备生命。液态水目前来看已经确定无疑了，能量（和温度）也已经有了一些线索，可以坐在位于遥远地球上的书桌前讨论。至于有机碳，还有待于探测器在火星上的实地勘测。

---

1. 理论上来说，在不同的极端条件下，也可能有一些别的物质能够起到水在生命过程中的一部分作用，从而演化出完全不同的生命类型，但那毕竟只是假说和空想。在现有的认知基础上，我们只能把液态水作为生命环境的必需因素，来讨论我们理解范围内的生命。

4.3　火星上的水：过去和现在

火星上有水，如今这已经是毋庸置疑的事实。最初得到确认的是水冰的存在，这一点从火星两极的极冠在夏天保留的永久部分可以推测出来，从大气光谱反映出的众多氢原子可以推测出来，从土壤被阳光照射时蒸腾起的微薄雾霭可以推测出来，并最终，从"凤凰号"对火星土壤样本的实验结果已被直接分析出来。水冰在火星上大量存在，光是南极极冠的水冰全部融化，就能让整个星球被 11 米深的水面覆盖。鉴于火星上很冷，水在这里以冰的形态存在似乎是件顺理成章的事；而且这里的气压如此之低，星球表面即使有液态纯水，也会很快变成水蒸气，无法稳定存在。2008 年，"凤凰号"登陆之初拍摄到了其着陆支架上的液滴，之后这些液滴大小还在变化。一些科学家认为这是溅到"凤凰号""腿"上的液态卤水[1]，虽然图像比较模糊，不足以完全确认，但也让人们激动了好一阵子。

随后科学家们又找到了一些液态水短暂存在的证据，不是通过直接取样，而是通过来自高空的地质学观察。首先是在 2010 年，一名研究生在火星

> 火星的平均气压约为 7.5 毫巴，大气既干燥、又稀薄。在它的表面，水的行为和我们平时在生活中所习惯的不太一样。水在火星表面这样的大气压下冰点很低，温度高于冰点的时候也不会融化，而是从固态直接变为气态，物理学上把这样的过程叫做升华。假如我们在火星表面寻找一个比较温暖的地方，倒一杯水在地上，它会怎么样呢？会很快结冰。因为在稀薄干燥的大气里，液态水会迅速蒸发，而蒸发会带走大量的热量，所以即便在温度高于冰点的时候，剩下的水也一定会冻结，然后再慢慢以升华的形式变为水蒸气。其实地球上也能观察到类似的过程：在气温为 1℃~2℃的冬天，把湿衣服晾到室外，往往会冻得硬邦邦的。这也是因为蒸发带走了热量，剩下的水就结冰了。

---

1. 卤水是含有盐分的水。如同市政交通在雪天洒下的化雪盐一样，卤水中的盐分在这里起到的作用是降低溶液的冰点，使之能够以液态存在一段时间。这里的"盐"指的不是食盐，而是"凤凰号"在火星土壤中找到的高氯酸盐。

南半球一个撞击坑的边缘附近，发现顺着斜坡分布的冲沟有着季节性的变化。随后，火星勘测轨道飞行器上的 CRISM（火星勘测成像光谱仪）把注意力集中到这一区域，经过数年的持续观察，终于在 2015 年宣布确认，这种地貌是由在表面流动的水形成的。确切地说，在最温暖的季节，会有流动的液态水涌出地表，向下流出一段距离之后悉数蒸发掉，形成被高空的探测器捕捉到的线性地貌。这些液态水并不是淡水，而是含有大量盐分的卤水，但不管怎么样，它总是水。

火星上的水是从哪儿来的呢？要回答这个问题，又得求助于

图 4-7　牛顿撞击坑边缘的季节性斜坡纹

图片来自 NASA/JPL–Caltech/Univ. of Arizona

同位素。我们知道，水是由氢和氧两种元素组成的，其中氢有三种同位素（在 3.2 节关于氦 –3 的核聚变发电那部分内容里，它们悉数露过面）。最常见的氢只有一个质子，没有中子，这就是我们日常意义上的"氢"，在强调同位素的时候也称其为氕。有一个质子、一个中子的氢，通常被称为"重氢"，学名叫"氘"，它将是接下来这段内容的重头戏。第三种同位素具有一个质子、两个中子，学名叫"氚"，在自然界中含量非常少，本节不会再次出场。

水是一种活泼的物质，如果来到大气层顶部，暴露在太阳辐射之下，很快就会分解成氢和氧。在这个过程中分解出来的，有普通的氢，以下我们称呼它"氢"，也有比它重一倍的氘。氢比氘轻，也比氘容易摆脱引力的束缚，而那些还留在大气中的氢（包括氘）和氧，又有一定的概率重新结合为水回到天体表面。通过这个过程损失掉一部分水之后，在天体上剩下的水中，氘的比例就会升高。氘 / 氢比越高，说明这个天体曾经失去的水越多。对比火星现在极冠的氘 / 氢比和从古老火星陨石所含的水分中测出的氘 / 氢比，科学家们得出结论，火星在过去的 40 亿年间，损失的水量相当于目前极冠水量的 6.5 倍。也就是说，在遥远的过去，火星曾经拥有 2 000 万立方千米的水体（作为比较，地球上北冰洋的体积为 1 700 万立方千米）。

另一个有趣的事实是，从火星古老陨石里得到的氘 / 氢比，也就是火星在几十亿年前的氘 / 氢比仍然高于地球的海洋，目前测定的数据是地球的 1.2 ～ 1.6 倍。这样看来，火星上的水就和地球有一些来源上的差异了。

地球上的水是从哪里来的呢？来源有两个。一是在形成过程中来自吸积的原材料和在"大撞击"阶段合并的行星胚胎，这部分水并不是游离的液态水或者水冰，而是以氢氧根（–OH）的形式存在于矿物中，在去气作用的过程中以水蒸气的形式进入大气，在行星冷却后最终落回地表。来自这个过程中的水，氘 / 氢比低。二是来自距离太阳 2.5 天文单位以外的彗星和冰质小天体，这部

分水的氘 / 氢比高。从地球和火星各自的氘 / 氢比来看，地球上的水绝大部分来自当初形成地球的小天体，而火星上的水大部分都是由彗星贡献的。当然，地球上也有来自彗星的水，而火星上也有来自岩浆的水[1]，只是各自比例不同。

　　既然火星曾经拥有这么多的水，在远古时期，这些水又是以什么样的形式存在于火星上的呢？

　　从火星表面的地形来看，液态水留下的痕迹有很多。在火星上曾经有过大片的海洋和湖泊，河道和流水冲刷的痕迹也遍布整个星球，这是火星与地球相似、而有别于其他行星的重要地貌特征。当然因为火星一开始有很多水，又在随后绝大部分损失掉，在不同的地质年代，流水留下的痕迹相当不同。最古老的是所谓"网状河谷"，这类地形有着陡峭的岩壁，宽度一般不超过几千米，深度 50 ~ 200 米，而长度则可达到上百乃至上千千米。这些网状河谷主要分布在古老的南部高地，至少有 38 亿年的形成历史，很可能是早期火星上的水流冲刷形成的。它们的横断面形状也和

　　实际上，直到 20 世纪末，还有不少天文学家认为地球和火星上的水都来自彗星。这个假说直到人类的探测器真正拜访过彗星之后才退出了历史舞台。1986 年哈雷彗星回归的时候，测到它的氘 / 氢比最高达到地球海水的两倍多；1996 年和 1997 年，池谷 – 关彗星和海尔·波普彗星回归，它们的氘 / 氢比也是地球海水的两倍多。2014 年，"罗塞塔号"抵达 67P/ 楚留莫夫 – 格拉希门克彗星，"菲莱号"着陆器在彗核表面测得氘 / 氢比为地球海水的 3 倍。由此可以确定，地球上的水大部分是在形成过程中获得，由去气过程排放到地表的。

　　彗星虽然不是地球上水的主要来源，却很可能是地球上最初的有机分子的来源。来自行星际空间的有机分子附着在彗星表面，其中一小部分经受住了经过大气层时的严苛考验，落入地球的海洋中，成了"生命的种子"。

---

　　1. 美国田纳西大学的地质学家对火星陨石"Shergotty"的研究表明，形成它的岩浆在到达地面之前含有 1.8% 的水。Shergotty 的年龄是 1.75 亿岁。

图 4-8　火星最早曾经拥有大片的海洋，但后来有 87% 的水散失到了空间中

图片来自 NASA/GSFC

河水冲刷的推测相当：上游是险峻的 V 形，下游则变为平缓的 U 形或矩形，大部分区域都有短而粗的分支。根据横断面和其他特征，可以推测出诺亚纪的网状河谷水流量与地球上的降雨洪水流量相当，为每秒 300 ～ 3 000 立方米。一定有一个时期，液态水能够以适度的流量在火星表面流动。但这些河道还没能形成完备的排水系统，其长度与地球上的河流相比也较短，形态类似于地球上干旱区的树枝状河流系统，从中可以一窥火星在诺亚纪的历史气候。

　　第二种水流地貌大约更为人们所熟知，也就是所谓的"大洪水沟渠"，行星地质学家更愿意称之为"外流河道"。这些河道几乎没有转折，很少有支流，通常宽度变化很大，从不到 1 千米

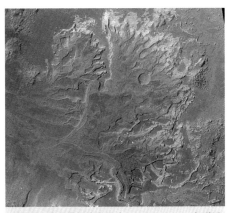

图4-9 位于霍顿撞击坑（Holden Crater）附近 24.0° S，33.7° W 的网状河谷，其长度为20km

图片来自维基百科，Jim Secosky 根据火星全球勘测者号和火星轨道飞行器的图片得出。

到几百千米都有，长宽比小，在底部有泪珠形的凸起痕迹，在遇到撞击坑或者其他障碍物的时候会分流、激荡：一切都跟地球上由于灾难性大洪水而形成的地形相仿，只是火星洪水的水量还要更大得多。外流河道的地质年龄通常比网状河谷年轻，但也有上亿年乃至几十亿年。

从地球上的类似地貌推断，火星上的外流河道很可能是由于大量湖水的突然泄洪或者地下水猛烈喷出后急剧冲刷行星表面而形成的。这类河道中的水流量非常大，推测为100万～1000万立方米/秒（作为比较，长江目前的最高流量略高于4万立方米/秒），河道冲刷过的地带有大量圆形和半圆形的鹅卵石，这也和地球的情况相似。大洪水时代甚至都不需要多么温暖的气候：以如此巨

火星上降雨的痕迹非常稀少（不过"凤凰号"观察到过降雪），虽然在它诞生后刚开始冷却的过程中几乎必然经历过长时间的降水。至今还不曾在地表找到明显降水的证据，只有一些可能下过毛毛雨的旁证，这是从火星土壤的化学成分判断的。当水渗透进干燥土壤的时候，总是先把溶解度比较低的盐分留在土壤里，带着溶解度比较高的盐分向深处渗透。因此，从不同盐分的分布情况，可以判断出水的渗透方向。美国加州大学伯克利分校的科学家发现，在火星的某些地方，地表的硫酸盐含量比土壤深处丰富，而土壤深处则含有更多的氯化物。硫酸盐的溶解度比氯化物低，这说明水是自上而下渗透进土壤的，而且渗透速度不大。不过，发现这类土壤的地区在地质年代上都属于西方纪，也就是说，这类痕迹所暗示的降水发生在更为干燥的西方纪时代，而理应更为温暖潮湿、有大片水体存在的诺亚纪，现在还没有找到与降水相关的地质证据。

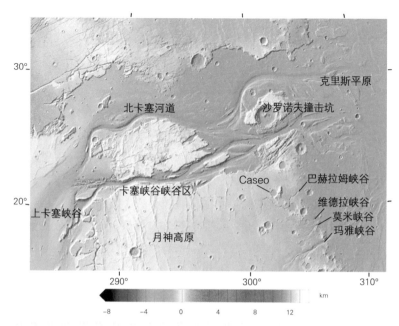

图 4-10　**火星上最大的外流河道：卡塞峡谷，洪水流入右上的克里斯平原**

图片来自维基百科，Areong 根据 NASA 数据制作。

大的水量，即使在较低的温度下，流动的水也不可能很快冻结，而是会奔流出一段漫长的距离。

　　火星上最重要的外流河道区域位于克里斯平原（Chryse Planitia）周边。在低洼的克里斯平原周围沿着河道向上游回溯，会先发现巨大的洪水道，然后是具有树枝状支流的沟渠，但具体的洪水源头至今还没找到。由此推测，很可能是大量的地下水在某次剧烈的地质活动——比如一次巨大的撞击或者火山爆发——影响下突然涌出，在火星表面冲刷出众多沟渠，不断合并，最终汇入当时还是一个大湖的克里斯平原。

　　由于火星表面有不少河道或河谷似乎都是以涌出的地下水作为源头，不少学者认为，火星的地下很可能有许多巨大的网状水系。这些地下水系是因为地下水的循环而形成的，其分布遍及整个行星。火星轨道探测器拍到的照片显示，火星表面下的岩石发生了变化，可能是因为水流的影响，这也暗示着地下水流的存在。甚至有科学家认为，即使是最近，也还有地下河川在流动，并偶尔来到地表。

引起这番推测的，就是火星上的第三种水流地貌：冲沟。这类地貌具有小型、线性的特征，代表它们是年轻的侵蚀地貌。它们大多分布在南半球中纬度地区的陡立的斜坡上，很少有撞击坑位于它们之上，说明这些冲沟形成得很晚，还没来得及遭受多少撞击。冲沟比起前两种水流地貌要小得多，一般宽几米到几十米，长也就上百米。冲沟的成因现在还众说纷纭，看来不同位置的冲沟成因不一，有的可能是因为融雪和融冰，有的可能是因为近代的表面水喷发，有的可能跟干冰的消融有关。

在冲沟类地貌中，随季节变化的"季节性斜坡纹"被认为很可能与水流作用有关。严格来说，季节性斜坡纹缺乏地形起伏，并不是真正意义上的河道，通常在春季开始出现在向阳一面的斜坡上，沿着斜坡向下生长，到夏秋之际开始消减，随后在秋、冬季节消失，由此，多数人认为这类地貌是卤水融冻过程所形成的间歇流导致的，但根据发生的季节不同，也可能是由干冰而不是水起着主导作用。

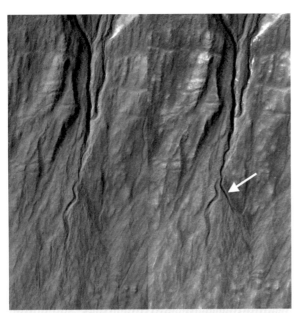

图4-11　火星勘测轨道飞行器携带的HiRISE相机在2010年11月5日（左）和2013年5月25日（右）拍摄的塞壬高地的同一地区，一个新的冲沟正在形成

图片来自 NASA/JPL/University of Arizona

除了渗透和注入河川之外，地下水还可能以间歇（喷）泉的形式来到地面。一些英国科学家认为，直到大约2 000万年前，火星上可能还有间歇泉活动。从喷泉携带的物质数量、物质被抛洒的范围和沉积方式，可以推测出当时喷泉的种种行为。估计这些喷泉的源头位于地下3～4千米，因为埋得很深，受到相当高的压力，从而能够溶解大量的二氧化碳。一旦上覆岩层出现能够通到地面的裂缝，本来由于高压而溶解在水中的二氧化碳就会突

图 4-12 火星水体的埋藏模型

图片来自 ESA

然从水里分解出来，形成大量气泡，带动着泥浆和水喷涌而出，冲出地面时的速度据推算可以达到 400 千米 / 小时。别忘了，火星的表面重力只是地球的 38%，喷泉可以轻易地喷出七八千米高的水柱。冲上高空的水迅速被冷冻成冰雹，和泥浆一起降落到方圆几千米的范围内，也许还会因为大量的泥浆而形成泥石流。随后，在干旱的岁月中，水被蒸发，只有沉积物留了下来。

类似的间歇喷泉在地球上也有不少，你甚至可以自己制作一个迷你版本：拿出一瓶可乐，用力摇晃一阵子（让原本溶解在液体中的二氧化碳气体析出），然后打开瓶盖。咻！你看到了什么？气泡和液体将会迅速涌出，形成一个小型的喷泉。设想把这瓶可乐放大 10 万倍，大概就和当时的间歇泉看起来差不多。远古的间歇泉活动想必是非常剧烈的，因为当时的火星还具有充足的能量，特别是在火山还活跃的时期，地下水很容易接触到岩浆释放出的二氧化碳，这样的间歇泉理应更为盛大壮观。

4.4　第二手证据：矿物的证词

　　除了地形和地貌之外，对火星矿物成分的分析也能提供一些关于远古的线索，这些证据虽然需要搭建逻辑链才能指向远古的真相，但在目前我们的认知范围内还是相当有力的。道理很简单：如果某种矿物只能在有水的情况下形成，而它的确在火星上出现了，那就说明在它形成的过程中，火星表面的确存在水；如果某种矿物的形成过程可能与微生物相联系，而它的确在火星上出现了，那就提供了一种可能，需要继续关注、寻求进一步的证据来证实或证否。

　　比如，"机遇号"火星车在火星的子午平原（Meridiani Planium）发现了大量硫酸盐的沉积物，这是天文学家此前没有想到的，因为"火星全球勘探者号"的光谱仪此前并没发现硫酸盐。在地球上，硫酸盐往往出现在咸水大量蒸发的地区，因此硫酸盐的存在说明这片地区的土壤曾经被水浸泡。可是，子午平原非常平坦，并没有凹陷的地方，不可能储存大量的水。那么，水是从哪里来的呢？合理的推测是，要么整个平原都曾经被水淹没过，要么这里的地下水水位非常之高，以致这里的土壤都被浸透了。

　　实际上，"机遇号"火星车在子午平原发现的不光是硫酸盐，还有赤铁矿和黄钾铁矾。赤铁矿是地球上最常见的铁矿石，主要成分是三氧化二铁（Fe_2O_3）。三氧化二铁是铁的高价氧化物，这种化合物我们可不陌生：在地球和火星的形成和演化过程中，都有氧化铁和三氧化二铁的参与。不同的是，地球当年的温度比较高，三氧化二铁在高温下分解成液态的铁和氧，有更多的铁沉降到地核中；而火星虽然也曾经被岩浆覆盖，表面的温度却从未超过2 200℃，在这样的温度下，三氧化二铁可以保持稳定。现在还留在地球表面的三氧化二铁大概只是当初地球三氧化二铁总量的8%，而火星表面的三氧化二铁含量大约是地球的三倍——这很可能也就是火星在夜空中呈现荧荧红色的原因。

赤铁矿是一种很有意思的矿物，众多探测器都对它表示了额外的关切：早在 1999 年，"火星全球勘探者号"就通过光谱分析发现了火星存在大面积的赤铁矿；"机遇号"也特地选择了具有大量赤铁矿的子午平原作为登陆地点。这是因为，在地球上，形成赤铁矿这种矿物的主要过程有三种：一是在地球内岩浆活动末期的高温液体中产生；二是通过在地球内部发生的高温高压变化，将由沉积作用形成的褐铁矿（含铁量较低的一种混合矿石）变质为赤铁矿；三是在海洋、湖泊中经过沉淀形成。这些过程全都和水有关，有的还是热水。那么在火星上，形成赤铁矿的过程是不是也一样呢？

很显然，我们不可能回到过去，去实时、实地研究火星上矿物的形成过程。科学家只能假设在两颗行星上形成同一矿物的过程也是相同的。"机遇号"在子午平原发现的赤铁矿是粗铁矿，可以在铁和氧气比较充裕的条件下通过沉积过程形成，因而在火星表面，应该曾经有一段时间也具备这个条件。

同样在子午平原发现的黄钾铁矾也受到了科学家的关注。它是一种黄褐色的含水的硫酸盐矿物 $[KFe_3(SO_4)_2(OH)_6]$。前面说过，硫酸盐往往是咸水大量蒸发过后的产物，而黄钾铁矾还只形成于非常酸性的水中。最特别的是，在黄钾铁矾的形成过程中，要经过黄铁矿（FeS_2）与水结合的阶段，而这种氧化反应需要在某些"吃"岩石的微生物的作用下才能进行。在没有水和微生物的情况下想要形成黄钾铁矾，只有极小的可能通过风化作用而形成，而且速度非常非常慢。这也许暗示着火星上曾经存在过类似的微生物，不过当然还需要对火星上实际的黄钾铁矾样本进行分析：倘若形成过程中真的有微生物参与，它们理应在形成的矿物中有所残留。遗憾的是，要检查矿物中微生物化石（或者如果有的话，微生物本身），所需要的分析设备相当笨重，火星车无法携带，恐怕要留待未来从火星取回样本，或者载人登火行动携带足够的装备登上火星，才有机会得出确切结论了。

在"机遇号"辛勤工作的同时，它的孪生兄弟，位于火星另一侧的"勇气号"火星车，也在火星哥伦比亚山脉的岩床里发现了球状针铁矿（含水的赤铁矿）。针铁矿是赤铁矿的前身，存在于沉积岩层中，以后会在漫长的干燥岁月中慢慢失去氢原子和氧原子，变成赤铁矿。由于在地球上，针铁矿里常常包含有古代微生物的化石，所以火星上的这种矿物引起了科学家的极大兴趣。倒不是说针铁矿的存在跟微生物有什么关系，而是如果在形成这些针铁矿的时代，火星上确实存在微生物的话，其痕迹说不定就

图 4-13　火星表面的纯硅土壤

图片来自 NASA/JPL/Cornell

被矿物保留了下来。

　　"勇气号"的另一个发现，是在 2007 年 5 月发现了一小片几乎是纯硅的土壤，含有 90% 左右的硅和少量的硫。这也令人们相当兴奋，因为同样的土壤在夏威夷和冰岛也能看到。这种地质特征产生的环境有两种：热温泉，或者岩石间喷出酸雾的气孔，不但两种环境都适合微生物生存，而且实际上，地球上最早的生命就是在同样的环境中诞生的。

　　对火星表面的矿物分析不一定要在行星地表进行。通过分析"火星勘测轨道飞行器"的数据，NASA 发现火星大量高原地区都含有层状硅酸盐矿物 [1]。这是一种黏土矿物，产生的条件是有充足的水、适合的温度和低酸性的环境。这和生命需要的环境条

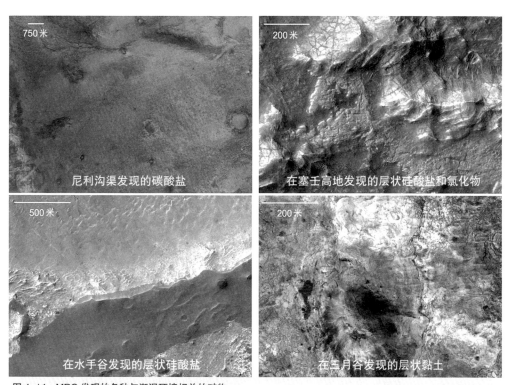

图 4-14　MRO 发现的各种与潮湿环境相关的矿物

图片来自 NASA/JPL/JHUAPL/ 亚利桑那大学 / 布朗大学

---

1. 2013 年，"机遇号"也在实地探测中发现了黏土。

件何其相似！黏土矿物的分布相当广泛，大约占了火星表面积的一半，在随后的地质年代被火山岩覆盖，又在后来的小天体撞击下暴露出来。也就是说，这些层状硅酸盐的形成，可以追溯到诺亚纪早期。

黏土矿物的广泛分布和目前人们对诺亚纪早期的认知相符，代表在后来的大规模火山运动之前，火星表面曾经有过大面积水体，甚至可能是广泛的海洋。它们是火星形成早期水和岩石相互作用的记录。地球上无疑也曾经存在类似的记录，但地球早期的地表在漫长的地质构造活动之后早已失去了原貌；月球在同一时期形成的岩石则全是岩浆岩与火山岩，并未显露出曾经存在液态水的痕迹。因此，火星上这些含有层状硅酸盐的岩石，是关于太阳系早期液态水环境的唯一记录。它们分布的范围如此之广，并且在大量高原地区出现，暗示着火星曾经是一颗"水"星，被大量水包围过。

不仅如此，人们在黏土上还找到了明显的侵蚀和冲积的痕迹——也就是水流活动留下的痕迹。黏土被河流带走，在水流缓慢的地方形成一个冲积三角洲，然后河流在这里汇入一个远古的火山湖。分析远古湖床上的黏土分布，可以看出水在这个远古的湖泊里停留了数千年。这表示潮湿的环境延续了很长一段时间。此外，黏土能够很好地保存有机物质，如果在这个已经干涸的远古湖泊里曾经存在过生命，那么相关的化学物质就很有可能保存在这些冲积三角洲里。

这些层状硅酸盐包括铝–层状硅酸盐和铁/镁–层状硅酸盐，后者更为普遍，分布范围也更广泛。这些矿物间存在微小的差异，共同的一点是，它们都是在一段时间内稳定的水环境中形成的。

什么样的稳定水环境呢？ 2013年，"好奇号"火星车发现火星上的盖尔撞击坑曾经存在一个非常适合火星生物圈存活的湖泊。这处火星湖存在于36亿年前，存续时间长达数万年甚至更久。地球化学的分析表明，这里水体平静、水质酸碱度合适，而且还拥有丰富的、维持生物生存所需要的化学成分。火星车的活动范围很小，而在当时的火星全球，大概并不只有这一个湖泊存在。

4.5 生命的证据?

这样看来，诺亚纪的确有存在生命的可能。这个时代足够温暖、足够湿润，表面的确还有河流在流动，这些都是有利于生命存在的自然条件，并且火星比地球更早具备这些条件。生命可能沐浴在暗弱的阳光中，大气温暖湿润、土壤酸碱度恰到好处，到处有热闹的火山和喷泉此起彼伏，还有小天体的撞击与之交相辉映——是吵闹了点儿，而且时间不长，可能从来没有机会发展出任何稍微复杂的生命。但有着生命的火种，那就够了。有些科学家甚至设想，可能因为某一次碰撞，含有生命物质乃至原始生命的火星岩石飞溅到行星际空间，经过长途跋涉最终来到地球，并由此开启了地球生命的序章。

然而，这些都只是推测。温度（它不但决定水以什么形式存在，还决定生命能否从环境获取足够的能量）和液态水都只是必要条件，很难相信在不满足这两个条件的情况下能够存在我们可以理解的生命形态，但满足了这两个条件，也不代表生命必然存在。要证明火星上存在或曾经存在生命，还需要能够与生命的新陈代谢活动联系起来的证据。

当我们说起"火星生命"的时候，指的并不是长得像水母的邪恶生物，也不是 E.T. 一样友好的可爱萌物，更不可能乘坐飞船大规模入侵地球。我们在火星上寻找的只是一些简单、原始、能够在极端艰难的环境下生存下来的小东西，以及这些微生物的生存所留下的痕迹。由于迄今还没能从火星取回岩石和土壤的样本，只能

科幻小说里最著名的火星人形象莫过于英国小说家 H·G·威尔斯在《世界之战》（The War of Worlds）里的描述：直径 4 英尺（约 1.2 米）的大脑袋（200 ~ 300 千克），没有身体，嘴的周围有长长的两排像手一样的触须，外形类似一只巨大的水母。小说中的这种火星人设定后来成了许多科幻作品中的经典形象，而关于外星人侵略的题材也为许多科幻小说所采用。这部小说发表于 1898 年，在 1938 年被改编成广播剧播出时，曾令不少听众信以为真，引发了广泛的恐慌。它曾经多次被改编成电影，最近的一部上映于 2005 年，由斯皮尔伯格导演。

在陨石和无人探测器的分析数据中寻找相关的证据。

1996年，在来自火星的ALH84001陨石里，发现了疑似"蠕虫化石"的结构。一部分科学家认为，它们可能是变成化石的细菌，这表示火星在36亿年前可能曾经存在原始形态的微生物。但这个结论引发了争议，因为ALH84001里存在的这些结构实在太小，比地球上的绝大多数微生物都要小得多，更可能是一些油脂类的分子，而这些分子虽然常常由生物体的分解所产生，但也能通过非有机过程产生，并不能当做是生命的证据。

要在火星陨石里寻找生命的证据，最理想的情况是在陨石坠落时就被发现，并马上收集起来[1]，尽量避免来自地球的风化和污染，越"新鲜"越好。2011年7月，一块陨石被目击坠落在摩洛哥沙漠中，这就是著名的Tissint陨石。它是迄今为止最新鲜的火星陨石样品，并且一落地就被收集和鉴定，受到的来自地

图4-15 ALH84001的局部

电子显微镜下观测到蠕虫状的类似细菌化石的结构，被认为可能证明火星表面在36亿年前还存在生命。图片来自NASA

---

1. 这类坠落时就被发现并收集的陨石被称为"降落型陨石"，与在地表经历了很长时间才被发现的"发现型陨石"相对应。大部分火星陨石是发现型陨石，降落型的火星陨石迄今只有5块，并且只有Tissint陨石是一降落就被鉴定为火星陨石的。

球的"污染"非常小，因此具有特别重要的科学价值。中科院地质与地球物理研究所的林杨挺团队在这块陨石中发现了几微米大小的碳颗粒，并且证明了这些碳确实是来自火星的有机质。

怎么知道这些碳来自火星呢？靠的是分析其中氢的同位素组成。还记得前面讲液态水时提到过的氘／氢比吗？这是氢的同位素比例，火星的氘／氢比和地球有明显的不同，而测量 Tissint 陨石里的这些有机质所含的氢，同位素组成跟地球"原产"的有机质区别很大，具有典型的火星特征。因此，可以判断这些碳是来自火星的。那么怎么知道这些碳是因为生物原因形成的呢？还是要靠同位素组成，不过这次要研究的是碳的同位素。

生物的活动有一个特点，在和外界进行物质交换的时候，会倾向于把比较轻的同位素留下来。所以，通过有机过程产生的含碳物质，含有更多的轻的碳同位素。地球上有机质（比如石油和煤）里的碳，总是比其他含碳物质（比如大气里的二氧化碳、地幔）有更多的轻的碳同位素。Tissint 陨石里的这些碳，和火星自己的大气相比，也含有更多的轻的碳同位素。应该说，这是迄今报道的火星上可能有过生命活动的最有利的证据。

火星表面的探测也取得了相应的成果。2014 年，"好奇号"火星车监测到火星大气里的平均甲烷含量在两个月内大幅增长，随后又很快消散的过程。甲烷是一种简单的有机物，它通常由生物的活动产生，地球上 90% ~ 95% 的甲烷都是生物成因的。火星上甲烷浓度的波动原因未知，但仍然再次激发了人们对火星上存在生命的猜想。同时，"好奇号"还首次在钻取岩石过程中发现了

图 4-16　Tissint 火星陨石

图片来自欧阳自远

地球上的高氯酸盐通常出现在极其干燥的地区，如智利的阿塔卡马沙漠（这里的环境与火星颇为相近，NASA的火星任务往往会在这里先进行试验）。早在"凤凰号"实地在火星土壤中发现高氯酸盐之前，加州大学的科学家们已经预料到了火星尘暴里含有剧毒物质的可能性：火星尘暴与地球上的尘暴非常类似，能够产生电场，将火星稀薄大气里的水和二氧化碳分子分解，然后形成过氧化氢或其他强氧化剂。地球上的高氯酸盐也是由于阳光与空气中浮尘的相互作用产生的。高氯酸盐的强氧化性足以破坏有机分子，因此对生命体来说是一种剧毒物质。不过，有科学家争辩说，地球上也有植物能在高氯酸盐相对丰富的土壤里存活，还有一些以高氯酸盐为食物的细菌。也许一些经过特殊演化筛选的生命能在这样的环境里坚持下来。

有机碳和氮化物。这两者在生命活动中都扮演着不可或缺的角色，特别是有机碳是生命体的重要物质基础。地球上的硝酸盐大部分是由生物产生的，不过研究人员认为火星上发现的这些硝酸盐是在雷击或者小行星撞击这类的冲击过程中产生的；有机碳的来源也尚未确认。

在火星表面寻找有机物是非常困难的，因为火星现在的环境相当恶劣。它的表面已经极度干燥了很长一段时间（并不是有大量水冰的存在就不会干燥，地球的南极也是极度干燥的地区），土壤里含有强氧化性的高氯酸盐，地表风沙侵蚀强烈，整个星球还暴露在宇宙射线中：即便在地下产生了一些有机物，在来到火星表面的时候也很可能因为恶劣的环境而遭到改变或破坏。"好奇号"的使命是探测火星的古环境和古气候，为发现火星生命做准备；美国计划中的下一个火星探测器"火星2020"，则将把重点进一步放在分析火星远古生命的迹象和环境潜在的宜居性上。届时，想必将有更多与火星生命相关的证据被人们发现。

4.6 分道扬镳的生命旅程

在襁褓期之后，火星开始走上与地球不同的道路。虽然同为类地行星，甚至号称是与地球最为近似的行星兄弟（虽然火星的个子小一些，但从年龄来看是地球的哥哥），但火星与地球还是有着诸多显而易见的不同。在外观上比较容易注意到的一点，是两颗行星表面构造作用的差异。地球表面的地质作用主要是板块构造，板块之间的相互作用决定了陆地的分布、山脉的形成、火山活动的地点和地壳变形的主要形式。在火星的表面上则看不到板块运动的典型特征，诸如平移的断层带、线状的海沟，这些在地球上常见的地形都从未在火星上发现。火星的壳是固定的，虽然在火星历史上的大部分时间都有火山活动，但它从不曾像地球一样出现地壳和地幔间的物质交换。地球表面的物质常常通过板块俯冲和海底扩张与地幔物质交换，这种情况在火星上从未出现过。

另一个区别在于，火星的表面明显受到了风化作用的影响，但风化作用的产物很少被搬运，通常只是在没被风化的岩石周围堆积了一圈风化物质的保护层。这和地球表面多姿多彩的地形地貌大有不同。

地球和火星表面之所以呈现出不同的面貌，根本原因是因为两颗行星有着不同的演化道路；导致它们不同演化历程的，则是行星质量的差异。质量较大的地球积累了更多的内部能量，同时能量耗散的速度则比小质量行星慢，因此内部活动持续的时间长，演化也就更为充分。火星的半径是地球的一半，质量只有地球的大约 1/9，内部的冷却、固化都比地球要迅速得多。地球和金星至今仍然保持着比较强烈的地壳运动和火山活动，而火星目前已经不再有明显的地质构造活动，岩浆活动和火山喷发也早已沉寂。火星在诺亚纪之后曾经有过五个火山剧烈活动的时期，分别是 35 亿年前、15 亿年前、4 亿～8 亿年前、2 亿年前和 1 亿年前。从那之后，这颗红色的行星已经安静了太久太久。著名的奥林匹斯火山——太阳系里已知最大的火山，底部覆盖的面积相当于整个云南省——虽然可能仍然是一座活火山，但已经沉寂了至少两百万年。

从这个意义上来说，火星已经接近它演化的终点。它的内部已经没有更多的能量来支持岩浆的进一步演化。因此，火星上的岩石类型与地球相比，缺乏酸性和碱性的岩浆岩和火山岩。从岩浆演化的序列来看，火星只完成了超基性－基性－中性岩浆岩和火山岩的演化，而地球的演化则充分得多，从超基性－基性－中性－酸性和碱性岩浆岩到火山岩，样样俱全，还具备多种的沉积岩和变质岩。回想一下演化初期两颗行星同样活跃的火山活动，再看看现在接近沉寂的火星，虽然它的内部并没有像水星和月球那样彻底冷却，但荒芜、冷漠的现状却与地球形成了鲜明的对比。

和火星一样，地球内部也一直在不停地冷却。但是由于质量的差异，地球能够保持不同圈层之间的物质和能量的循环，从而呈现出和火星截然不同的面貌。

对地球上的生命来说，大气中的二氧化碳[1]至关重要，因为它是生命物质中碳元素的主要来源——地球上的碳元素虽然很多，但99.9%存在于岩石圈和化石燃料中，无法直接被生命体吸收。这似乎有点令人意外，或许多数读者会认为，对生命来说最关键的物质是水和氧气：没有这两者我们根本不可能生存下去。但实际上，倘若把远古时代的大气换成现在的这个大气层——氮、氧、氩、二氧化碳和其他微量气体——充沛的氧气会让最初的原始生命体迅速分解，无法继续发展下去。也就是说，对地球上最早的生命而言，氧气可以算是一种剧毒！地球的大气一直要到新生代，也就是导致非鸟恐龙灭绝的那次大灾难之后，才和现在的成分比例相近。在那之前，比如侏罗纪和白垩纪时期，其大气成分是我们完全无法适应的。假如我们坐上时光飞船，来到真正的"侏罗纪公园"，恐怕还没被恐龙当做猎物，就已经死于呼吸中毒了。

火成岩（包括岩浆岩和火山岩）按照二氧化硅（SiO_2）含量的从低到高分为超基性、基性、中性、酸性四大类。碱性岩类指的则是含氧化钠（Na_2O）和氧化钾（K_2O）较多的岩类。大致上，火成岩的二氧化硅含量越低，当初形成它的岩浆来源就越深。火星上缺乏酸性和碱性岩类，说明火星的星壳在形成之后不太参与和地幔的物质交换；而地球上的火成岩则由酸性岩类占据主要地位，超基性岩类非常稀少。

---

1. 二氧化碳作为气体可以方便地通过呼吸在生命体和外界环境之间构成物质交换，这是碳元素作为生命体基础的优越性之一。作为对照，虽然科幻小说里常常描写以硅元素为基础的生命，但硅没有常见的气体化合物形态，生命体要和外界环境达成物质交换就很不方便了。

　　初生的生命躲在太阳紫外线无法到达的深水中。它们全都是厌氧的生物，利用水里的有机分子或者其他化学能维持生命。地球上至今还有类似的细菌，生活在不见天日的海底火山口附近，赖以维生的能量来源是火山口的热量和硫等化学物质。这类嗜极生物所生存的极端环境与当初最早的生命诞生的环境十分相似。我们甚至可以猜测，在太阳系里其他某些具有液态水的天体上，也有类似的生命存在。地球大气中的氧气最早是由蓝藻（蓝细菌）的光合作用产生的。光合作用细菌和后来的植物吸入二氧化碳，把碳固定在体内，呼出氧气。这是地球大气里大部分氧气的来源，也是生命物质里碳元素的主要来源。各种生物体内的碳元素，归根到底都可以从食物链上回溯到光合作用的过程。如果最初地球大气里没有二氧化碳，那么后来的生命也许根本就不会出现。

　　二氧化碳是一种易溶于水的气体（想想我们喝的碳酸饮料），随着地球慢慢冷却，大气中的二氧化碳在湿润的条件下很容易与地表的岩石反应，产生固态的碳酸盐。这种沉积的碳酸盐累积的多了，就会形成石灰岩（$CaCO_3$）和白云岩 [$(Ca,Mg)CO_3$]。这样，大气里的很大一部分二氧化碳就被禁锢在岩石里。在 5.5 亿年前，地球大气里的二氧化碳含量是现在的 18 倍，消失的这些二氧化碳大部分都转移到了岩石里，并没有离开地球。

　　同样的转移并没能在火星上发生。火星上迄今还没有发现石灰岩、白云岩等碳酸盐岩。这原本非常令人不解，因为我们知道，火星现有大气中的二氧化碳比例远远高于地球。在远古温暖潮湿的时代，二氧化碳与岩石的结合理应广泛发生，和地球的情况一样才对。

　　直到发现了火星表面广布的硫酸盐，科学家们才算得到了一个可能的解释。火星在形成时就比地球含有更多的硫，在火星的大规模火山活动时期，大量的硫从火星内部来到了这颗当时还不是红色的行星表面。还记得我们此前提请过读者留意的二氧化硫吗？正是它抢夺了二氧化碳的位置。在古老火星温暖湿润的表面，二氧化硫和水可以迅速与岩石反应，这个反应远远优先于碳酸盐。在火星土壤里发现的大量硫酸盐可以从侧面证明这个推测。二氧化碳没能在条件适合的时候进入岩石圈，之后就再也没有机会：火星在慢慢失去它的大气，表面温度迅速降低，温暖潮湿的环境一去不复返。同时，遍布于火星表面的硫使得火星的环境迅速酸化，造成严重污染。

由于演化停止，火星失去了磁场的保护，大气被太阳风撕裂吹走，表面的水大量流失；而另一方面，因为缺乏板块运动，火星的岩石圈和行星深处没能产生物质循环，地表的水不可能回到星幔中，星幔不断地因为火山喷发的去气作用失去水，却得不到补充，逐渐脱水变干。终于，火星彻底成为一个寒冷干燥的荒芜世界，很可能正在萌芽的原始生命由此被扼杀，永远失去了进一步发展的机会。

宜居星球的三要素：液态水、有机碳和能量来源，火星已经不能齐备。只有蔚蓝色的地球被日渐明亮的阳光照耀，丰富多彩的生命在其上生存和繁衍。

虽然如此，火星仍是与地球最为相似的行星。它有着和地球类似的坚固表面，大气层聊胜于无，极冠和高纬地区的冻土里还有大量的干冰和水冰，甚至可能有地下水系。火星上的一天长度和地球差不多，虽然离太阳较远，在某些时候地表温度还算得上舒适，甚至还有四季的变化。火星上的土壤比月壤要友好得多——

火星的自转周期是 24 小时 37 分 22 秒，折合成地球日就是 1.026 天。两颗行星的自转周期如此接近，并非天文学上的必然结果，只是一时的巧合。地球刚诞生的时候，自转比现在快得多，但在随后的漫长时间里，由于与月球之间的引力相互作用，逐渐把自转的角动量转移到了月球身上。于是地球的自转变得越来越慢，一天的时间也就越来越长。月球在未来还将继续减慢地球的自转速度，直到两者达成完全的潮汐锁定：地球的自转周期等于月球的公转周期。相反地，由于火星的两颗卫星质量非常小，它们的引力对火星的影响实在微不足道，所以火星现在的自转速度和当初相比并没有明显变化。

除了高氯酸盐之外——有的土壤呈现弱碱性，还具备镁、钠、钾和氯化物等成分，除了不含有机物之外，该有的营养元素全都有，和地球上的土壤没有多大区别。电影《火星救援》的主人公在被困在火星表面之后，从基地外取来火星土壤铺在室内，混上人类粪便，浇上水就开始种土豆，这段情节是完全可能的。如果人类要向空间移民的话，火星无疑会是人工改造成功概率最高的星球。

在遥远的未来，也许火星将会与现在的地球更加相似。我们的太阳正处于中年时期，在未来的岁月里，它将越来越明亮。大约40亿年之后，太阳的亮度将使得地球上的温室效应失去控制。由于温度升高，大量的二氧化碳将从沉积岩中释放出来，涌入大气，地球在那时候几乎是一口盖上盖子的大锅，温度将会无法控制地越来越高，就像现在的金星一样。而那个时候的火星，却恰好能够从太阳获得足够的温暖。在那一天到来之前，地球生命是否能够实现向火星的转移，我们没有答案。但无论如何，倘若在如此漫长的岁月之后，我们的子孙后代还生存在太阳系的话，火星将是最为舒适宜居的星球。

第五章

通往火星的远征

我将要远航，

而且此次航行一定不会徒劳无益！

——《荷马史诗·奥德赛》

5.1　被误读的战神

　　火星从远古时代起就进入了人类的视野，而且不约而同地，它暗红的颜色在东西方的传说中都代表着战争、流血、杀戮和不祥。古代中国人认为它红色荧荧，亮度和位置又经常变化，令人迷惑，因此称它为"荧惑"[1]。在中国古代的占星术中，火星的种种行为都与战乱相关，"荧惑守心"（火星在心宿附近逆行停留）更是最高级别的不祥之兆。而在西方，它的名字 Mars 是罗马神

---

　　1. 中国古代把荧惑和"火"对应进而称为"火星"是较晚后五行学说兴起之后的事了，先秦时的"火星"指的是"大火"，即同样是明亮红色的天蝎座 α（心宿二）。

话中的战神（荷马史诗里对这位战神的性格描写那叫一个鲁钝残忍），两颗卫星，陪伴战神殿下的 Phobos（恐怖之神，火卫一）和 Deimos（惊慌之神，火卫二）则是战神和爱神生下的一对双胞胎。这两颗卫星是美国天文学家霍尔（Asaph Hall）在 1877 年发现的，虽然以一对双生神的名字命名，但其实大小悬殊。它们的质量和体积都很小，与我们的月球大不相同。多数人认为它们是被火星引力俘获的小行星，它们的种种特性看起来也与小行星非常近似；但近年来也有理论认为，它们更有可能来自与月球相同的成因：被撞击溅到空间中的碎屑。

虽然人类几乎从最初仰望星空的时代起就注意到了火星，但在望远镜发明之前，对火星本身的性质却一无所知，只能年复一年地观测火星在星空背景上的运动。由于火星和地球都沿着椭圆形轨道围绕太阳运行，两者间的相对位置常常会发生变化。地球有时落在火星后面，有时又赶到前头。因此火星在星空背景上的穿行路线就显得不太规则，常常瞻之在前、忽焉在后。早在三千多年前，古埃及的天文学家就对火星的这种"退行"现象有所了解，但简明透彻地解释这种现象，则要等到后来哥白尼的日心说提出之后了。

1608 年，荷兰的眼镜师傅 Lippershey 制造出了有记载的第一架望远镜。听到这个消息之后没多久，伽利略就自制了一架望远镜，在 1609 年的冬天把望远镜对准了星空，天文观测从此离开了肉眼观星的时代，进入了望远镜时代。

由于太阳系大大小小的各天体被发现的时代千差万别，其命名多少有些混乱，但基本是取自希腊或罗马神话，其间也有规律可循。火卫一和火卫二是战神（火星）的儿子。木星的卫星原本都以神话中与宙斯（在罗马神话中对应的是朱庇特 Jupiter，即木星）有过绯闻的美女们命名，后来随着数目的增加不得不加上了女儿们的名字。土星（Saturn，罗马神话中的农神）的卫星是希腊神话中的巨人和与 Saturn 同族的泰坦诸神。海王星的卫星们也都是与海洋和水流相关的神话生物。矮行星和小天体们的起名也都来自神话。比较起来，天王星的卫星们格外特殊：她们是莎士比亚和蒲柏作品中的女主人公。从 1973 年起，新发现的太阳系天体由国际天文学联合会（IAU）下属的行星系统命名委员会（WGPSN）根据以上原则负责命名。

和我们的普遍印象并不一样，即便使用望远镜，也很难观察到火星的表面细节，虽然它只比金星暗一些，比其他的行星都亮。伽利略当时使用的望远镜很小，只能察觉火星似乎并非一个完美的圆盘——他看到的应该是火星的盈亏变化，虽然在小望远镜模糊的视野里并不明显。火星一直给观测者带来种种麻烦，主要原因是它的视圆面太小了，就算是在火星离地球最近的时刻，看起来还是比木星离地球最远的时刻小。在望远镜已经非常普及的今天，连第一天网购到望远镜的入门级爱好者都可以轻易地用小型望远镜观测到木星的伽利略卫星、土星的光环（如果角度合适的话，顺便一提，2017 年的角度就非常合适），或者这两颗大行星表面的色彩。但火星始终是一个麻烦的家伙。即便爱好者在后院架起的是架较大的望远镜，能看到的也不过是一个带着黑色小斑点的红色大斑点，顶多还有一点儿白色——假如极冠正好对着我们的话。我们印象中清晰又绚丽的火星绝不是业余爱好者使用较小的望远镜所能直接看到的：那些漂亮的图片几乎全部来自大型专业望远镜。

正因为如此，在早期对火星的观测中产生了许多美丽的误会。最著名的当然就是那传说中的"运河系统"。这个故事开始于 1877 年 9 月 5 日的火星冲日——太阳、地球和火星依次成一条直线的时候，假如这时候的火星还恰好位于近地点附近，那就叫"大冲"。1877 年的这次冲日就是大冲。这无疑是观测火星的大好时机，火卫一和火卫二正是在此前不久被发现的。许多天文学家决

火星的绕日公转周期是 687 个地球日，相当于 1.880 9 年。所以在同样的时间里，地球在公转轨道上跑过的角度大于火星的角度。想象你在操场上跑圈，外圈有一个跑得比你慢的家伙。多数时间你把他抛向身后，越来越远，套用在火星的身上，这就是"顺行"，也就是在星空背景上自西向东的相对运动。但在快要套他一圈的短暂时刻，你俩似乎是齐头并进的，对火星来说这就是"留"，在星空背景上不动了。在"留"的前后一小段时间，外道选手看上去好像是被从后方超越的，套用在火星的身上，这就是"逆行"，在星空背景上自东向西的相对运动。用同心圆的操场跑道很容易解释清楚整个过程，操场的中心就相当于太阳。但在日心说出现之前想要弄清楚火星的运动，所需要的推演过程是非常繁琐复杂的。

定趁此机会绘制新的火星地图。其中，位于米兰的布莱拉天文台台长斯基帕雷利[1]最终发表了惊人的成果：他一共观测并记录了40条位于火星表面的河道。这些纤细而规整的线条穿过沙漠，

图 5-1 哈勃空间望远镜（HST）拍摄的火星

图中横贯火星表面的峡谷即为迄今发现的太阳系内最大峡谷——水手谷。图片来自 NASA

1. 2016 年，欧空局发射的"火星微量气体任务卫星"携带的着陆器就以这位天文学家命名。遗憾的是，"斯基帕雷利号"着陆器软着陆失败，坠毁于火星表面。

在火星表面显得格外引人注目。随后，关于火星"运河"的记载就大肆流行起来，几乎当时所有的著名天文学家都卷入其中。斯基帕雷利本人由于视力问题从1890年开始放弃了对火星的观测，但后来者络绎不绝，不断有新的假说出现。

必须澄清的一点是，即便是在"运河"理论最为流行的时代，学者们也并未认为这些河道是人工开凿的。这更可能是一场传播学意义上的误会：斯基帕雷利是意大利人，他在描述这些河道的时候使用了 canali 这个，在意大利文中，canali 可以指天然的沟渠或河道，也可以指人工开凿的运河。但当观测报告和他绘制的地图被译成英文——特别是登上报纸——的时候，却被翻译成了带有强烈人工色彩的 canal，也就是运河。实际上，斯基帕雷利本人在当时更倾向于它们是天然形成的，后来也只是对人工挖掘的可能性做了一些猜测。他的原话是："单一的模式很容易让人们联想它们是智慧生物的创造。我很小心地不去挑战这种观点，因为这并不是不可能的。"

这种误读在随后的几十年里愈演愈烈，各种各样的想象被附会进来，越来越多的人相信火星上有智慧生命居住，建造了网状的运河系统。不过，绝大多数天文学家其实始终就不认为火星表面真的有明显的运河网络。一部分训练有素的观测者，包括发现

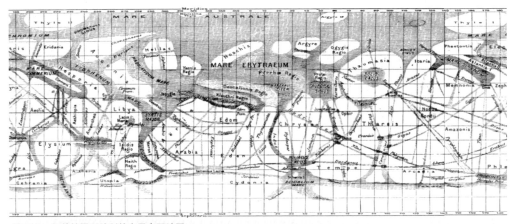

图 5-2　斯基帕雷利绘制的火星表面地图

火卫一和火卫二的霍尔，宣称他们在任何观测条件下都从未看到过火星运河。另一个问题是，不同的观测者绘制的"运河网络"图像，有着各种各样的偏差，基本一人一个样子，吻合得并不好。对科学家来说，这种图像根本没有说服力，就和那种无法被重复、因而无法被验证的实验一样，是不可能被科学共同体承认和接纳的。

关于火星"运河"的传说，最终随着空间时代的来临而被终结。空间探测器和照相观测技术共同让我们看到了火星的高清图像，剥夺了想象力的存身之地。火星在近距离的观察下经历了逐渐祛魅的过程，这就跟照相机普及之后"遇到"外星人的人也越来越少一样。所谓的"运河系统"只是望远镜的局限、翻译和传播造成的误会，再加上人类大脑基于火星地貌的一点点视觉欺骗所产生的传说。我们无法因为这种误读而责怪前辈们，实际上，即便是在空间探测器已经飞临火星的时代，人们还在 1976 年"海盗号"拍下的照片中"看到"了一张人脸。我们的大脑善于自动补充画面中缺少的信息，让我们自以为真的看到了在生活中熟悉的东西，这种能力在远古时代帮助人们躲避自然界的各种猛兽和灾害，但在探索未知的新领域时却常常会帮倒忙。克服这种"脑补"的唯一办法是看得更清晰、更细致，科学家们也正是如此努力的。

5.2 艰难的旅程

人类历史上第一次近距离了解火星是在 1965 年。在此前一年的 11 月 28 日，"水手 4 号"从卡纳维拉尔角升空，踏上前往火星的旅途，并成为首个成功的火星探测器。"水手 4 号"前往火星的路线非常有代表性，虽然几十年来空间技术得到了长足的发展，后来的探测器不论是肩负的任务、飞船的形态、携带仪器的考察手段和精细程度都与那个时代迥然不同，但它们所选择的飞向火星的轨道，却始终都与"水手 4 号"大同小异。

"水手 4 号"在行星际空间划过了一道柔和的椭圆弧线，椭

"水手4号"是第一个让地球人类见识到火星真面目的飞行器，它甚至改变了科幻小说的面貌——从那之后，有智慧的外星人就很少来自太阳系内的其他行星，转而来自其他恒星系统的行星或卫星了。"水手号"整个系列一共有10艘飞船，针对水星、金星和火星三颗类地行星设计，并不是专为火星预备的。全系列飞船的研发、发射和支援费用约为5.54亿美元，其中"水手4号"的总花费约为8230万美元[1]。整个系列创下了空间探索史上的多个第一。

---

1. 根据NSSDC公布的数据。

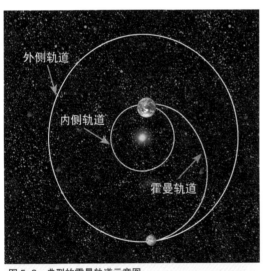

图5-3　典型的霍曼轨道示意图

圆的焦点是太阳，弧线一端与地球轨道相切，另一端与火星轨道相切。这就是所谓的"双切轨道"，又叫"霍曼轨道"（Hohmann trajectory），以最早提出这种轨道的德国工程师霍曼命名。航天器在两个共面同心天体间往返，选择这样的轨道最节省能量。一艘前往火星的飞船从地球起飞，首先要在运载火箭的帮助下达到第二宇宙速度，进入转移轨道，也就是地-火过渡轨道。在大多数的时间里，飞船只需要借助太阳的引力，扮演一颗围绕太阳运行的小型"行星"，直到接近火星。飞行器只在三个过程中需要推进[1]：①从发射进入低地球轨道；②从低地球轨道进入地-火过渡轨道；③从过渡轨道进入围绕火星的轨道。过程①与行星际轨道无关，在过程②和③中，因为飞船的加速方向是原本运动轨道的切线，所以飞船发动机所消耗的能量在理论上可以全部转化为飞船的动能，没有做无用功。因此在所有只使用发动机推力的轨道方案中，这是最节省能量的。

轨道的形状确定了，飞往火星的发射窗口由此就可以计算出来。如果要把使用的燃料降到最低限度，就必须让发射时地球的位置和抵达时火星

---

1. "水手4号"执行的是掠过火星的任务，并不需要环绕火星飞行，所以只需要前两个推进过程。

的位置恰好位于太阳的两侧，相差 180°，这样飞船划过的轨道才刚好是一个满足霍曼轨道原理的椭圆弧。当然霍曼轨道的理想情况是针对两个在同平面的正圆形轨道上运行的天体，而地球和火星的公转轨道都是接近圆形的椭圆（火星轨道比地球还要扁一点），严格来说也不在同一个平面上；在实际执行过程中，由于发射窗口的调整，选择的轨道两端也不一定刚好相差 180°，角度可能更多一点或者少一点。轨道偏离理想情况不妨碍飞船顺利飞向火星，但偏离得越多，需要增加的发射初速度越多，消耗的能量也越多。

每 779.74 天，火星、地球和太阳的相对位置关系会再现一次，也就是说，适合霍曼轨道方案的发射时机以大约 780 天（26 个月）为周期出现。细微地改变发射角度和速度，在付出更多燃料代价的前提下可以让发射窗口扩大到几周甚至更长。在 2013 年 11 月的发射窗口，MAVEN 探测器和"火星轨道探测器"发射升空；2016 年 1—4 月的窗口中，"火星微量气体任务卫星"在 3 月升空；下一次的发射窗口在 2018 年的 4—5 月，InSight 探测器预计在这个窗口发射；接下来 2020 年 6—9 月的窗口现在已经挤满了预计发射的探测器，欧空局的 ExoMars 火星车、美国的"火星2020"火星车，还有中国、阿联酋、芬兰和印度都计划在这个窗口一展身手，探测器们一路上想必不会孤单。

从"水手 4 号"开始，空间探测器逐渐揭开了火星的神秘面纱，使人类得以详细地了解这颗行星，甚至在它的表面就地取样进行分析。上一章已经讨论过种种关于火星表面的探测结果，发现它在远古时期可能对生命是友好的，并且直到现在还拥有稀薄的大气和大量的水冰，地下还有流动的盐水。暂时还不能确定火星上是

由于火星和地球的轨道都是椭圆形的，每次符合霍曼轨道的发射窗口到来时，轨道对应的地 – 火间距离和上一次相比不会完全相同，因此虽然同为霍曼轨道，每次消耗的最低能量也有一定不同。耗能最低的发射窗口出现在火星大冲前后。火星大冲平均大约每 16 年重现一次，前后各有一次低耗能的发射窗口。2018 年和 2020 年的发射窗口恰好就是这样一对窗口，分布在 2018 年 7 月的大冲前后。

否存在生命物质：要证明生命存在是很简单的，只要找到它就行了，虽然现在还没有找到；要证明它不存在则比较麻烦，因为火星表面的条件还不够极端，有着几乎无穷无尽的可能性。基于现阶段的科学考察需要，必须严格避免来自地球的物质污染火星环境，但有朝一日，地球人必然会开始在火星上培育生物——不，还不止如此，还会建设基地、改造土壤和大气，并最终进行大规模移民。

在那之前，当然首先需要对火星实施一系列的无人探测行动，更为透彻地了解这颗红色行星，同时测试各种设备和技术。要知道，历史上的历次火星行动，成功率才刚过一半。我国上一次的探火行动就因为其搭乘的"火卫一 - 土壤号"飞船发射失败而没能成行。在开展真正的载人行动之前，必须做好万全的准备——空间时代发展到现在，已经摆脱了政治和军事的压力，相信不会再像"阿波罗11号"那样，让登月舱尚未经过测试就投入到载人行动中去。在本书第一版写作时，"凤凰号"正在执行这样的任务：2008年5月25日，它登陆火星表面，开始一系列的科学考察活动。这艘飞船之所以被命名为"凤凰"，是因为它名副其实是像凤凰一样涅槃重生的，所使用的装备都来自此前被取消的"火星勘测者2001号"和"火星极地着陆器"，因此总成本"只有"3.86亿美元，这对一次火星行动而言，可谓性价比超高了[1]。

"凤凰号"是继1976年的"海盗号"之后，又一个利用制动火箭实现反推进软着陆的飞行器——此前的"探路者号""勇气号"和"机遇号"登陆时都采用气囊包裹，曾经被人嘲笑说"要是真的有火星人目睹它降落不知道会以为那是什么东西"。"凤凰号"降落在火星的北纬68.218 830°、东经234.250 778°，是首个在火星极区成功降落的着陆器，但离极冠的边缘还有一段距离。它的任务首先是研究火星上水的历史，无论液态、固态还是气态；其次是寻找适宜生命的各种条件，包括土壤里的水、对生

---

1. 作为比较，"海盗号"项目在20世纪70年代花费了10亿美元（NSSDC数据），换算到现在大约相当于100亿美元。

命最为重要的碳、氮、磷、氢等几种元素，并由此评估人类在火星上居留的可能性。这些任务都需要掘地三尺才能完成，因为干燥的、被强烈紫外线照射的火星土壤很可能具有强氧化作用，会破坏其中的有机分子；而在地表下方较深处，土壤将会保护有机分子不受太阳风的破坏。假如火星上真的存在有机分子的话，它一定位于地表以下。

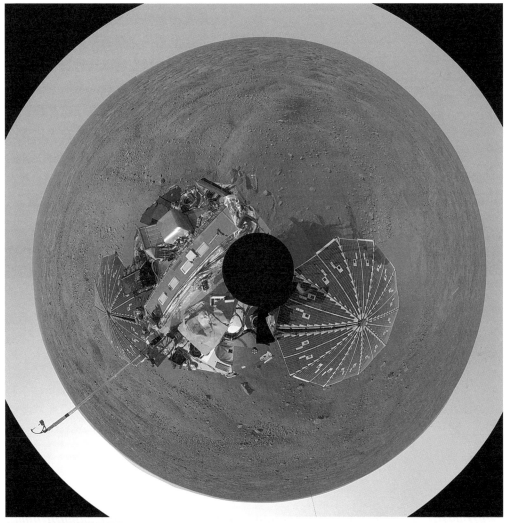

图 5-4　火星表面的凤凰号

图片来自 NASA/JPL–Caltech/University Arizona/Texas A&M University

"凤凰号"首次拍到了单个的火星土壤颗粒，直径约为1微米。它也发现了火星土壤比预计的碱性稍大，pH值[1]约为7.7——在此之前，人们普遍认为火星表面由于火山喷出的大量硫而呈现酸性。"凤凰号"还在火星土壤内检测到镁、钠、钾和氯化物等成分，并且第一次在火星土壤内确认了冰冻水的存在。凤凰号还首次在火星土壤中发现了高氯酸盐，对当时正热切期待关于火星生命消息的人们来说不啻于当头一棒，因为高氯酸盐意味着火星环境对有机分子具有强烈威胁。不过这也不是完全的坏消息，一来也有特定的微生物以这种物质维生，二来高氯酸盐溶液倒是能够让水在火星表面的条件下以液态存在。果然在几年之后，人们就在火星表面发现了液态水的痕迹。但在此之前，"凤凰号"已经于2008年11月宣告了使命终结，与地球失去了联系。

到本书修订版完稿时为止，有两辆火星车和六个轨道飞行器在火星表面和周围辛勤工作着。它们是奇迹般的超级劳模"机遇号"火星车，加上"好奇号"火星车，还有"2001火星奥德赛""火星快车""火星勘测轨道飞行器""火星大气与挥发物演化任务探测器"（MAVEN）"火星轨道探测器"和"火星微量气体任务卫星"。本书上一章已经详细介绍过它们，特别是"好奇号"

图5-5 "好奇号"的自拍像

摄于2015年10月，它的"自拍杆"是火星车的机械臂。图片来自NASA

---

1. pH值是衡量物质酸碱性的指标，代表溶液里氢离子的浓度。pH值等于7时，溶液为中性；大于7为碱性，值越大碱性越强；小于7为酸性，值越小酸性越强。pH值7.7的土壤碱性和地球上的轻度盐碱地相当。

揭示的最新的火星面貌。人类探测火星的下一步目标应该是尝试从火星上取得样本，2011 年的"火卫一 – 土壤号"是第一个试图这么做的探测器，但遗憾地失败了。欧空局计划在 2024 年进行一次取样返回任务，俄罗斯也宣布在 2024 年重复"火卫一 – 土壤 2 号"任务，从火星表面取样返回。在那之后，才谈得上把航天员送上火星，并把他们再安全地带回地球。

5.3 火星航班

按照各国航天组织公布的初步计划，载人火星行动将从本世纪 30 年代开始展开，目前已经有相关计划的是 NASA 和 ESA，具体的时间表都定在 30 年代前几年，根据实际进展可能还有调整。飞往火星的旅途和飞往月球的不一样，它距离更远、飞行时间更长、任务更复杂得多，因此出现问题的可能性也要大得多。由于载人计划的特殊性，在漫长的飞行过程中，维生系统、推进系统、能源保障和通信系统都绝对不容有失，对前期工作的要求也就更高。而且，由于在整个旅途中都无法实现补给，还必须在尽量控制飞船自重的前提下，精确规划后备的系统和部件。人类此前还从未实现过载人的行星际飞行，在计划进行的过程中，很可能出现无数始料未及的难题，都需要在未来的十年间尽可能地解决：这也正是无人探测器们的重要任务之一。一切都还需要在未来的实践中慢慢摸索，但当然，其中也有一部分，可以借助简单的推理而获知。

首先，载人的火星行动肯定不可能像阿波罗计划那样只由 3 名航天员完成。现有的火星模拟实验任务都由 6 名志愿者组成，电影《火星救援》里安排的航天员也是 6 位，未来的早期载人行动应该和这差不多。至少需要 4 个人，理想的情况可能是 6 个甚至 8 个人，反正必须是偶数，因为在火星表面的行动最好不要有人落单。鉴于火星与地球之间的通信延迟，举凡机械系统、电力系统和电子系统的操作、维护和维修，工具制造、电脑科学、数据库控制、温室作物种植、食物提取、飞船控制、导航、远程火星车操控，这许多的操作都需要乘员们自主完成，相关的专业和知识也非常复杂，涉及地质学、地球化学、地球物理学（包括气象学和大气科学）、生物学、生态学、农学和社会科学等等范畴。此外，医疗保障非常重要，未来的火星行动全程可能持续3年之久，在这么长的时间内、这么危险的任务中，受伤或是罹患疾病都是完全可能的，因此远征火星小分队中还必须有人受过临床医学的训练，包括内科、外科和心理学各方面。每个人都必须既有某些方向的专长、又能兼通其他一些方向，并且在体能和意志上绝不能拖后腿。任何足够重要的技能都必须保证有至少两个人掌握，以免某人出现意外时无人顶上。

成员的数目当然会直接影响飞船的设计方案和相关新技术的发展。其遴选和训练都会非常复杂，鉴于行星际旅行的特殊性，可能不但需要考虑乘员的专业、能力和体能，甚至连性格的互补和男女乘员的均衡都必须考虑在内。他们需要在一起经历可能长达好几年的训练，因为合作和默契对团队来说非常重要。在如此漫长而艰苦的旅行中，群体中的"化学反应"至关重要，良好的交流和合作有利于乘员们的心理健康，而缺乏沟通和互助则可能导致行动的失败。

回想一下第二章，"阿波罗11号"从地球出发之后，只花了三天半的时间就进入了绕月轨道。而按照前面讨论的双切轨道前往火星，"水手4号"花了240天（霍曼轨道的标准用时是254天，多花点燃料可以抄点近路）。和"水手4号"不同的是，一艘载人的飞船绝不能掠过火星就一去不回，它要降落在火星上，停留一段时间，等候下一个（从火星到地球的）发射窗口从这颗红色的星球返回。可以选择的方案有3种，依照任务的性质而不同：短时停留方案、长时停留方案，或者在途中花费时间最少的快速路线方案。3种方案里，从地球前往火星的发射窗口都是相似的；根据返回路线的不同，回程的发射窗口则略有差异——这也就决定了能够在火星表面停留的时间。

以下是NASA计算的一些前往火星的路线（虽然在计算的时间点并没有载人飞船出发前往火星）。任何一种路线都必须顺着

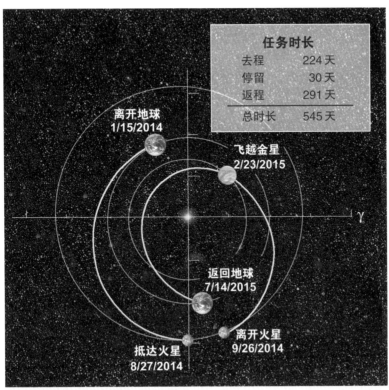

任务时长	
去程	224 天
停留	30 天
返程	291 天
总时长	545 天

离开地球
1/15/2014

飞越金星
2/23/2015

返回地球
7/14/2015

离开火星
9/26/2014

抵达火星
8/27/2014

图 5-6　典型的短时停留路线（冲路线）

行星公转的方向前进，这样能够获得一部分"免费的"速度。典型的短时停留方案如图 5-6 所示，在火星上停留的时间是 30 ~ 90天，任务总时长也比较短，在 400 ~ 650 天之间。这种路线的去程需要更大的推动力和更多的能量，返程的路程也很远，几乎要绕太阳一周才能返回地球，通常还需要借助一次金星的引力帮助，借以改变飞行方向。返程的轨道中，出发时火星的位置与抵达地球时地球的位置位于太阳的同侧，和火星冲日时的日 – 地 – 火位置相似，因此这种路线也被称为"冲路线"。显而易见的，短时停留轨道的去程和返程轨道完全不同，这也是它最明显的特征。

　　相对的，典型的长时停留轨道则显得非常对称。这是最节约能量的路线，轨道非常接近于霍曼轨道，和火星合日时的火 – 日 – 地位置相似，因此被称为"合路线"。任务总长度约为 900 天，其中在火星表面停留的时间长达 500 天左右。

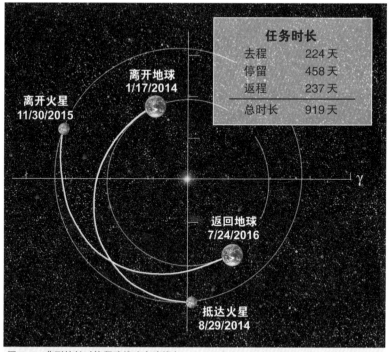

任务时长	
去程	224 天
停留	458 天
返程	237 天
总时长	919 天

图 5-7 典型的长时停留路线（合路线）

第三类路线严格说来也是一种长时停留轨道，只是在路线上有微妙的改变。任务的总时长与第二类路线相当，但单程花费的时间大大缩短，在条件合适的发射窗口，甚至有可能把单程时间压缩到 100 天，因此称之为"快速路线"。这对载人行动来说无疑非常实用。

有两种途径可以缩短在路上花费的时间：要么大幅度改进推进系统的效率，要么携带更多的燃料，两种方法都是为了获得更快的速度。前者在短时间内突飞猛进的可能性不大；而后者意味着更大的飞船质量，这就需要分批把飞船部件发射到低地球轨道上，进行在轨对接和安装后，再发射进入椭圆转移轨道。因此，载人火星行动对发射水平和在轨操作的精确度要求是前所未有的。

对发射速度的提升并不是没有上限的。考虑到人体的承受能力，发射的加速度不能太大，因此单程花费的时间通常在 180 天

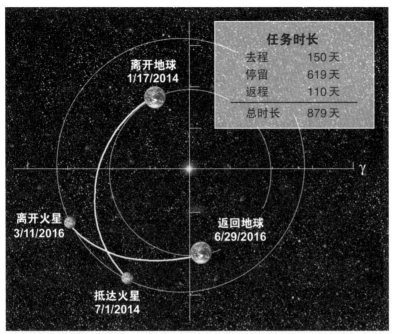

任务时长

去程	150 天
停留	619 天
返程	110 天
总时长	879 天

离开地球
1/17/2014

离开火星
3/11/2016

返回地球
6/29/2016

抵达火星
7/1/2014

图 5-8　快速路线

（2024 年的发射窗口，未来 20 年内最差的一次）和 120 天（2018 年的发射窗口，未来 20 年内最好）之间。180 天的失重，和一次国际空间站的执勤任务时长相仿，这对训练有素的航天员来说是可以承受的。这样最初的载人火星飞船也许就可以不考虑人造重力的设计，飞船的自重可以大大减轻。

在一趟完整的火星之旅中，对乘员来说最危险的时刻是进行发射、变轨和降落的环节。具体而言，也就是去程时从地球发射、进入近地轨道、进入飞往火星的过渡轨道、进入环火星轨道并降落的过程；以及返程时从火星发射、进入环火星轨道、进入飞往地球的过渡轨道、返回地球大气层并降落的过程——从时间上来说，这些环节加起来只占整个旅程的一小部分，但从美国和俄罗斯（包括苏联）各自一百次左右的载人飞行经验来看，致命的事故总是发生在起飞和降落的时候。一旦进入空间飞行，环境就相对平稳，不太可能发生危及生命的突发事件——倒霉的"阿波罗 13 号"算是例外中的例外。在成功发射升空之后，安装在"阿波罗13号"服务舱液氧贮箱内的加热系统中，有两个恒温器开关由于过载产生的电弧放电作用而短路，烤焦了附近的导线，最后引起爆炸。这实在是偶然中的偶然，更偶然的是，在如此不利的情况下，3位航天员竟然奇迹般生还。必须指出，一旦在载人火星行动中发生类似的情况，乘员生还的概率几乎为零，救援也完全不可能及时赶到。因此在实际的载人行动之前，飞往火星的飞船必须经过多次实践检验，才能真正投入载人行动。

即便经过了发射和变轨的考验，在"相对平稳"的行星际空间，依然有种种潜在的强大威胁存在。抛开遭遇小天体和太空垃圾等小概率因素，对航天员生命安全的最大威胁有两个：辐射和失重。飞船无疑必须具备可靠的辐射盾，在行星际空间的各种辐射下保护航天员的健康。造成威胁的辐射主要有两种：一是太阳在大耀斑的时候发射的大量高能粒子，也就是太阳质子事件（SPE）；二是来自太阳系外的高能粒子，也就是银河宇宙射线（GCR）。前者可能在任何一次火星任务的途中发生，其能量足以威胁到未经防护的航天员的生命。后者发生的概率较小，但能量更高，在长期的空间旅行过程中也会产生不良的影响。

高能粒子辐射对人体的影响是非常大的。请想象无数枚极其微小的炮弹，它们在我们体内轰击出的不是血肉的伤口，而是从这里那里的某个原子带走一个电子，或者把某个原子改变成另一种原子——这将在分子的层面上改变我们的身体，最直接的后果就是细胞内基因的改变，因此将会导致癌症发病率的增加和中枢神经的损坏。辐射的威胁在火星表面也同样存在，因为火星的大气和磁场不足以像地球那样保护我们。未来如果打算把火星改造成另一个宜居的星球，就必须解决这一问题。

空间旅行时对航天员安全的另一个威胁是失重。如果说在失重状态下度过好几个月的旅程，对训练有素、身体强健的航天员还不算太大负担的话，对未来可能大规模前往火星的普通人来说就完全是另一回事了。如同第二章讨论过的，长期的失重状态会导致人体机能老化，特别是骨质疏松和心血管功能退化。要知道，航天员们不是上天飞一圈儿就回家，他们接下来是要在火星表面干活的。所以未来的飞船可能还是需要具备人造重力。这一点倒是不难达到：只要让飞船在旅途中保持自转就可以。假如飞船的长度是 200 米，每分钟旋转 2 周，在其一端的船舱内就能形成相当于 40% 地球重力的效果——和火星表面差不多[1]。自转和在轨道上前进不一样，每分每秒都是需要动力的，所以还得专门有个为自转服务的动力系统。而飞船的推进系统也必须适应这种运动方式，能够在旋转的时候保持质量平衡。

从"斯普特尼克 1 号"到现在，虽然航天器的推进系统使用的燃料与以前有所不同，但推进系统的原理并没有脱胎换骨的变化，仍然和 60 年前差不多。飞向火星的飞船比以往的任何任务装载了更多的成员、更多的物资，承担更复杂的任务，因此也比以往任何任务的飞船更大、更重，需要更大型的运载火箭把它送进转移轨道，也需要更先进的推进系统帮助它变轨、加速和制动。

对载人飞船来说，暂时还必须谨慎使用核动力推进。我们还没有掌握更安全、产能更高的核聚变技术，要靠重核裂变发动机来推动飞船，光是防护和隔离的装置就不知道会增加多少自重。目前比较看好的未来推进系统有两种：一是"可变特种脉冲磁等离子火箭"（VSIMR），一是太阳帆。这两种推进系统的推力都不大，但能保持长时间的推进，所以累积的加速也是可以相当惊人的。

VSIMR 的原理是利用电源把工质（可以是氢、氦或者氙）电离成等离子体，并让磁场以适当的方向指向从引擎喷出的等离子。此时电磁场将对等离子加热和加速，从而为飞船提供动力。通过调整电磁场的方向和强度，就可以方便地调节飞船获得的推力。推进器所需的电能可以由小型同位素发电机或者太阳能板提供，在飞往火星的旅途中，是可以使用太阳能电池板的。

---

1. 根据从空间站得到的经验，对人体在接近于零的微重力环境下的反应已经有了一定的了解，但对于火星（地表重力的 1/3）或月球（地表重力的 1/6）环境下长期生活中的人体反应还非常陌生。虽然阿波罗系列前后已有 12 名航天员登上了月球，但逗留时间太短，不足以作为参考。具体的研究恐怕还有待于未来的载人登月行动。

太阳帆也是一种被寄予厚望的推进方式。传统的太阳帆仅仅借助光压获得推力，推力很小，只能用于微型卫星，比如霍金参与的"突破摄星计划"，用太阳帆作为动力，在大约 20 年的时间里把一颗质量以克计的微型卫星送到距离太阳最近的恒星——半人马座 α 星附近（距离我们大约 4.2 光年）。根据计算，持续的加速最终可以让卫星的速度达到光速的 1/5，这是非常惊人的高速。但这种太阳帆难以用在较大的飞船上。新型的太阳帆需要特殊材料的涂层，在受到光辐射后喷出粒子，飞船因此获得反方向的推力。太阳帆的面积必须非常大，否则飞船无法获得足够的推力；同时又必须非常轻，因为每一克多余的质量都是额外的负担；而且还必须非常坚韧，别忘了行星际空间中有多少微小的天体，它们和飞船之间的相对速度比子弹可要快得多。另外还有一点，太阳帆只能用于飞往太阳系外侧不远处的任务，也就是说，只能飞向火星。这片"帆"是顺着太阳风而行的，因此逆风而行的金星、水星之旅无法派上用场，离太阳太远的木星和土星也鞭长莫及。

不管采用什么样的路线和什么样的推进方式，总之最终我们的飞船经过重重考验，来到火星上方。推进器再次点燃，这次需要降低飞船相对于火星的速度，以便它进入环绕火星的轨道，并最终降落。飞船需要一个隔热盾，因为火星有大气，虽然非常稀薄，但飞船的降落依然会产生大量的热——这也意味着可以使用降落伞来帮助制动，就像"凤凰号"和"好奇号"火星车此前做的那样，虽然单凭降落伞还无法完全达到减速的目的。登陆地点

图 5-9 "突破摄星计划"的太阳帆概念

感谢作者 Kevin Gill 分享图片

当然已经由此前的无人勘探行动确定。火星表面的地形和月球有些相似，岩石很多，稍有不慎就会对登陆舱造成致命的破坏。正是因为这一点，登陆的地点更可能是平坦的北半球，而不是高低起伏地形复杂的南半球。此外，火星表面有着恶劣的天气，登陆行动可能会受到尘暴的影响——当年的"水手9号"就因为尘暴而延误了一个多月才得以开始工作。

在飞船向火星降落的过程中，成员的生理极限又会经受一次考验：这次是超重。而且，在此前和此后一段不短的时间里，乘员们经受的重力都比他们的生理结构所适应的地球重力小得多。人体在长时间的低重力飞行后突然经历超重将会有何反应？老实说，我们还不知道。我们甚至也无从知道航天员们在只有地球重力约1/3的引力环境下能否感觉舒适。根据推测，那可能是"微醺般轻飘飘"的感觉，但也可能有更大的反应。不管怎么样，我们无法在行星的表面实现人造重力，因此重力环境是不能改变的。长时间的低重力生活可能在某种程度上改变人们的生理结构，当航天员返回地球之后，必然需要一段调节的时间——这就跟适应了高原反应的人们回到平地时的经历相类似。

对早期的载人火星行动来说，把飞船作为现成的生活基地是一项不错的选择。基地的出入口必须具备空气封锁闸门，严格隔绝基地内外的空气。这些封锁闸门必须能够承受数百次甚至数千次的开合，因为航天员们每天都会多次进进出出。空气泄漏在火星表面将是相当可怕的事故。比月球方便的一点是，火星上有足够的水和二氧化碳，大气里还有不少的氮。氮是蛋白质的重要成分，也是生命的必需元素。虽然水和空气依然必须循环利用，但至少在能源充足的情况下这两者不虞匮乏，循环后的废水可以用来种植作物。这里的温度虽然很低，但并非低到不可接受。在南半球的夏季[1]，火星地表温度甚至可以达到堪称舒适的28℃——虽然最早的载人行动更可能选择北半球的中高纬度附近作为登陆

---

1. 火星的轨道比地球扁，所以近日点和远日点与太阳的距离差别比较大。南半球夏季时火星位于近日点，这是火星最温暖的季节。

地点。对一艘飞船来说，辐射盾也是现成的，而且不管是狂风还是尘暴都能抵御（由于火星大气稀薄，虽然风速可以达到惊人的速度，但对应的风力却并不大）。外出的时候则必须穿上全套的防护设备：低气压、辐射和风沙都必须隔绝在太空服之外。火星车是必备的设施，不是像"凤凰号"和"好奇号"这样的带轮子的科学考察机器人，而是真正的"车"，航天员的代步工具。能源可以考虑太阳能板，也可以使用核能发电。食物和某些特殊的生活用品可能必须从地球带去，航天员们所必需的维生物资，包括食品、衣物、清洁卫生用品、工作用品和其他个人用品，每人每天的消耗大约占用 0.015 立方米的体积。如果按照单程 6 个月、逗留 18 个月、乘员 8 人来计算，这部分物资需要约 90 立方米的空间——这还不算返程所需的部分。虽然重力只有地球的 1/3稍强，但全套太空服加野外工作装备的分量几乎相当于一个成年人，所以每天的工作绝不轻松。但对于担负着人类未来的远征军来说，比起这些勇士肩上的责任和每时每刻面对的风险，工作中的枯燥和艰苦已经算是微不足道的小事了。

早期的乘员任务更倾向于科学考察，基地建设和环境改造无疑还是相当遥远的目标。主要的科学任务有三点：一是研究人类在火星环境下的表现和人体对火星环境的适应性；二是对火星资源的应用和开发，包括在火星的 ISRU 技术；三是基础科学的研究，包括地质学、行星化学和行星物理学、生物学等，找出关于太阳系形成和发展的线索。对火星的改造，必然建立在对火星的透彻了解之上。

和登月的行动一样，载人火星行动很可能还是要由 NASA 来打头阵。2015 年 10 月，NASA 公布了《NASA 的火星之旅：开拓太空探索下一步》，这是一份人类登陆火星的详细计划。NASA 在计划中把朝向火星的探险分为了三个阶段：依赖于地球的阶段、深空试验场阶段和独立于地球的阶段。每一个阶段都面临着技术上、人员上、后勤上的各种挑战。新的设备和技术在不断发展中，重点需要解决的是大推力的推进系统和大型航天器的

设计和制造，还有大型载荷在火星表面安全降落的问题。NASA
目前的解决方案是超音速降落伞、"猎户座"飞船和深空发射
系统（SLS），其中超音速降落伞有望实现 2～3 吨载荷的安全
着陆（作为比较，目前 NASA 最先进的着陆技术可以让 1.5 吨左
右的载荷安全降落在火星表面），"猎户座"飞船和 SLS 火箭
都已经通过了一些关键的技术审查和测试，相关的基建项目也
已经启动。当然，所有这
些设备和技术都还需要进
一步完善才能真正用于载
人测试。

ESA 也在 2015 年公
布了他们的《空间探索
战略》，把火星作为未
来 10 年乃至更长远时期
的三个优先探索地之一。
ESA 未来的重点火星任
务是 ExoMars 和火星机器
人探测准备任务，通过
ExoMars 系列任务来开展
火星生命演化研究，并确
保自己跻身于人类火星任
务中来。《空间探索战略》
对探索任务路线图有着清
晰的思考，这种思考其实
也适用于其他任何脚踏实
地开展空间探索和研究的
国家和组织。此外，俄罗
斯、印度、日本，当然还
有我国，也都在航天规划
中把火星列为目标。我国
火星探测和月球探测一样

图 5-10 NASA 的火星之旅三步走计划

图片来自 NASA

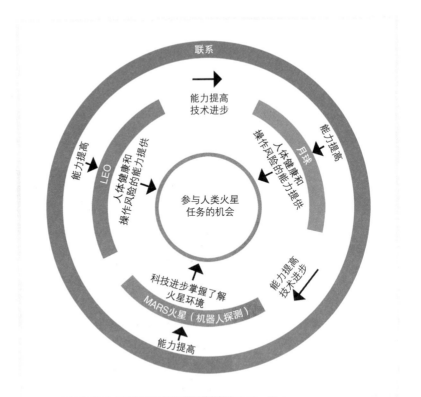

图 5-11　空间探索任务之间的相互联系

图片来自 ESA

分为了三步走，在2030年前的主要任务是环绕遥感探测（"绕"）、软着陆巡视探测（"落"）和采样返回（"回"），实现对火星从全球普查到局部详查、再到样品实验室分析的科学递进。

和空间时代早期由超级大国引领的国家行为不同，民间的力量也加入到了对火星的探索中。比如荷兰工程师巴斯·朗斯多普的"火星一号"移民计划，美国富豪丹尼斯·蒂托（他曾花费2 000万美元成为史上第一位太空旅游者）发起的"灵感火星"计划，以及 SpaceX、维珍银河公司等私营企业对新型运载飞船、火箭的研发。未来的火星之旅可能出现大浪淘沙的局面，并非所有人都能够成为成功者，但唯有参与到这项行动中来，才有机会寻找到改变人类未来的契机。

5.4　假装在火星

　　离送人踏上第一班前往火星的航班还有十几年时间，地球上的人们需要抓紧时间，趁此做些什么。技术和设备的研发储备自不必提，还有一类实验在地球上就可以完成：火星生活的模拟实验。

　　这类实验不是基于火星上的特殊物理条件的，考察的是火星表面的环境和生活方式对人们的影响。一小群人，共同生活在一个封闭而孤立的系统中，每一点日常消耗品都必须精打细算，全天候处于镜头监视之下。每一点都和现代社会的生活习惯大不一样：在这个快节奏的、消费主义的时代，我们每天和大量来来去去的人打交道，便利的生活建立在无数人的通力协作上，而隐私和安全对很多人来说早已超越物质需求，成为生活中最重要的因素。不光如此，人类本来就是起源于广阔大草原的生物，在狭小空间内会本能地感到不适，心理上的压力会对情绪和行为都造成影响，甚至可能导致无法完成简单的工作。因此，在模拟实验中了解航天员在未来的航行中由于封闭和孤立可能出现的生理和心理状态，由此作出合理应对，是非常有必要的。

图 5-12　参加"火星 -500"项目的志愿者来自各个国家

图片来自 ESA

　　在火星模拟实验方面，实验长度最长的是俄罗斯，他们在 2010—2011 年进行了"火星 -500"最终阶段的任务，模拟的是整个火星之旅的全过程：从飞船发射、途中、着陆、到返回地球。共有 6 名乘员完成了全长 520 天的模拟实验，他们是从 6 000 名申请者中脱颖而出的，来自多个国家，其中包括中国航天员科研训练中心的宇航员教员王跃。"火星-500"
项目在此之前还有两次较短的模拟，分别持续了15天和105天。
除了不用克服失重和辐射的侵扰，乘员们真的像在一艘飞往火星
的飞船上那样起居和工作，还在"飞船"的温室中培育作物。由
于乘员的多元文化背景，在实验开始之前还进行了几个月的语言
和文化培训：不得不说，这样的考虑确实未雨绸缪，未来的空间
探索很可能是合全球之力进行的，乘员具有各种各样的文化背景，
如何让多元化成为空间任务的助力而非障碍，也是一个需要探讨
的话题。

图 5-13　在"火星-500"的温室里种出的番茄

图片来自 ESA

图 5-14　夏威夷莫纳罗亚山上的"火星基地"

"火星-500"的模拟主要着重
于飞船飞行途中的情况，在"火星表
面"只"停留"了2天。NASA则着
眼于"火星基地"的模拟，从2014
年开始，参加实验的人员也是6人，
更多是科学家而非航天员。实验在
夏威夷莫纳罗亚火山进行，第一次
实验为期8个月，第二次持续了一
年。NASA的实验有女性科学家和航
天员参加，6个人生活在总共110平
方米的空间里，周围"与世隔绝"，
荒无人烟，连与外界的通信也设定
了20分钟的延迟，每周只能洗6分
钟的澡。完成实验从"火星基地"
出来的受试者都表现良好，但1年
的时间和整个火星之旅相比还太短，
而"脚踏实地"时的心态肯定比远
在另一颗星球上、任何援助都要花
至少半年才能到来时要安定得多。
航天员在真实的火星任务里接受的
对生理和心理的考验，无疑会比模
拟实验更加严苛。

第六章

再造一个地球

予若吁怀兹新邑，亦惟汝故，以丕从厥志。

今予将试以汝迁，安定厥邦。

——《尚书·盘庚中》

你愿意住在火星上吗？

这也许会是几百年后，甚至仅仅一百年后的焦点话题。

火星，这颗红色的行星，它曾经温暖湿润，在太阳系里第一个成为生命的天堂；也许在遥远的未来，它还将会是唯一适合我们居住的行星。它在许多方面都酷似地球，本应该成为地球的孪生兄弟；它在数百年前就引发了我们对外星生命的好奇和向往，一直到 20 世纪还有不少人相信有火星人存在；它是我们向太空开拓生存空间的头号目标，也是整个太阳系里，对生命最为友好的邻居——

但现在，它是一个**寒冷**、**干燥**、**贫瘠**、**荒芜**的世界。

需要加粗显示前面这几个形容词，因为每一个形容都是不折不扣的。空间时代以来，火星向地球人类敞开了怀抱，但敢于首先回应这个拥抱的，无疑只会是人类中的极小部分。虽然人类一

图 6-1 "勇气号"火星车拍摄的火星表面
火星在远古时代并非如此干燥荒芜。如今在这片荒芜之间，还能有生命存在吗？图片来自 NASA/JPL/Cornell

直都梦想着去其他星球旅行，虽然一代又一代的航天人为了这个梦想一直在努力，但是我们目前的技术仍然有限，对普通人来说，火星现在的环境还太严苛，要冒太大的风险。普通人的火星之旅，估计仍需假以时日才能实现。

6.1　火星现在时

踏足火星环顾四周，你的第一感觉会是满目疮痍。这颗行星和地球一样有着多种多样的地形，而且各种地貌特征都比地球上的同类结构大上好几号：这里有整个太阳系最高的山峰、最深的峡谷、最广阔的平原和最大的沟渠。因为没有板块构造，同时地表的搬运和侵蚀作用也显得微乎其微，许多极其古老的地形一直保留到了现在。赤道上雄踞着塔西斯高原和水手谷，隔开了地貌截然不同的南北两个半球：北半球是广阔的平缓低地，南半球则是遍布撞击坑的高地。火星北极比南极低了大约 6 千米，假如现在火星上的冰全部融化，3/4 的水都会流到北半球。整个行星表面布满了沙尘和岩石，目力所及都是一片红褐色，和地球上最为干旱的某些沙漠倒是风貌相近。虽然我们老是说火星"荒芜"，跟形容月面用的是同一个词，但火星的土壤跟月壤差别很大，倒是和地球土壤的组分比较接近，只是缺乏有机质和水。

火星表面的大气非常稀薄，不过大气层的种种活动倒是一点也没打折扣，反而比地球上还要猛烈：狂风肆虐，沙尘暴卷起沙

漠里的碎石，尘暴所到之处伸手不见五指。在夏季，尘暴最大的时候足以覆盖整个星球。这里的天空也有云，不过通常非常薄，高度往往超过 100 千米，只有在反射阳光的角度恰好的时候才能看见，而且形成云的不是水滴，而是冰晶。云这么薄，降水当然

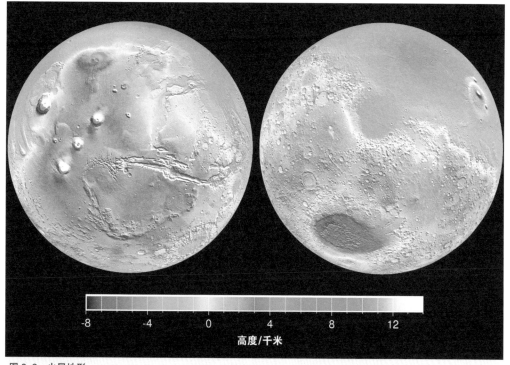

图 6-2 火星地形

图中白色为最高，蓝色为最低。图片最左侧的白色圆点即为著名的奥林匹斯火山。图片来自 NASA/JPL

也少，不过前面也说过，凤凰号遇到过降雪，虽然以这里的干燥程度，降雪还来不及落到地面就消失了。天空有时会是淡淡的橘粉色，因为地表的微细尘埃被狂风和尘暴扬到了高空中，它们会漂浮很久，让天空染上自己的颜色。这里日落时的景象与地球不同，因为阳光里红色的部分在通过大气的时候被散射掉了，来到你眼中的阳光里蓝光的比例增大，所以夕阳看起来是偏蓝的。配合日落时迅速下降的温度，光是照片就能让人感觉到一丝寒意。

确实，火星很冷。它离太阳本来就比地球远得多，大气的温室效应又太弱——虽然大气里的二氧化碳比例非常高，但总量太少，大气里极其有限的温室效应主要还是由含量更少的水蒸气和甲烷提供的，只能说聊胜于无——因此这颗行星的表面非常寒冷，年平均温度是 $-57℃$，最低温度可以达到 $-132℃$。这里指的不是气温，而是地面的温度。空气的温度比地面低，假如你曾在地球上的夏天赤脚走在被晒热的马路上，想必会深切体会到"气温"与"地面温度"的区别。由于火星大气实在稀薄，地表的温度很

图6-3 "勇气号"拍摄的火星日落

图片来自 NASA

难向上传递，就算地面上再温暖，站在地上也只有脚板心是暖和的，其他部位根本感受不到暖意。就算是在最温暖的南半球初夏正午，地表温度达到 28℃，取暖设备还是必须全天候工作。由于地面和大气都难以保存热量，只有照射到阳光的地方能够保持温暖，一旦阳光移走，温度就会急剧下降。所以火星的一天里温度变化非常剧烈，最冷的时候是日出之前，当太阳升起之后，地表温度会很快上升，到午后变得最高，然后又开始急剧下降——这和地球非常不一样，因为地球上最能保存热量、调节温度的两大主力：大气和海洋，在火星上一个稀薄到有等于无，另一个干脆已经消失了。

如同在上一章所讲的，火星的环境对训练有素、装备完善的宇航员来说并非不可忍受。但要作为地球人类的下一个栖身之地，像现在的地球一样有着城市、农场和交通系统，成为地球人类另一个安居乐业的家园，还需要把它的环境变得再温和一些才行。

6.2 温室效应革命

要在火星上诱发与地球相似的环境，也就是所谓的"火星地球化"，首要的第一步是提高表面温度。对任何一颗行星来说，热量的来源有两个：太阳和行星内部。火星与太阳之间的距离显然是无法改变的，我们也无法穿越时空，让一颗已经沉寂的行星内部起死回生。虽然有证据表明，火星至少在最近 1 500 万年里还有过火山爆发，但这并不是全球性的，而且也难以控制。以现有的技术条件看，最简单的办法莫过于增加火星大气的温室效应，以逐步升高火星的表面温度，同时，大气的密度和组分也能够得到改善。我们的目标是：**气压**、**温度**和**组分**，一个都不能少。

听起来好像天方夜谭？那不如先来听听这么一个星球的经历。它诞生于 46 亿年前，新生的时候炽热而躁动，最初的外表被黑色的岩浆岩覆盖，随后整个星球发生了"锈蚀"，黑色岩石中的二价铁被氧化成了褐铁矿和其他呈现铁锈红色的三价铁，让整颗行星变成了红色；后来，它经历了极度寒冷的时期，只有少数活火山的周围还保持着一点温度。听起来和我们前几章的描写真是太像了，你觉得这颗星球是谁？

它是**地球**。

地球在刚刚诞生的时候呈现以玄武岩为主的"黑色地球"的面貌，随后生命在海洋中诞生，蓝绿藻（蓝细菌）的光合作用释放出氧气，接下来的"大氧化事件"让地球经历了"红色地球"时期，又过了 10 亿年，地球进入漫长的冰期，整个行星完全是一个巨大的雪球，"白色地球"的平均温度，曾经低到 -50℃。

然而地球从这样的状态回暖了过来。在冰河时期全面沉寂的生态系统，一回暖就经历了生物量的猛增。接下来的事毋庸赘言：海洋藻类大面积兴盛和扩张，丰富的氧气含量拉开了大型动物诞生和演化的序幕，地质圈和生物圈共同演化，生物和矿物呈现出令人眼花缭乱的多样性，最终让这颗星球在经历了黑色 - 红色 - 白色之后，来到了蓝色和绿色。

这正是我们期待于火星的变化。这种期待并非人类自我中心的傲慢，因为同样的变化确实曾在一颗行星上演过；但它也并不简单，因为地球始终是一颗"活着"的行星，碳元素在大气圈 - 水圈 - 岩石圈间不断循环着，这种循环再加上地壳和地幔之间的物质循环，能够在一定程度上自动控制温室气体的量（但过多的温室气体会超过这种自我调节的能力，正如我们现在为地球担心的那样），而火星已经"死亡"，它无法自我产生温室气体，也无法靠自己来维系住一个大气层。这两方面都需要人类的努力。

再来复习一下火星现在的大气组成："好奇号"探测到的火星大气，主要成分是二氧化碳，约占 95.97%，氩气占 1.93%，氮气占 1.89%，氧气很少，只有 0.146%。剩下更少的是一氧化碳、水蒸气、一氧化氮、氖、氪、甲醛、氙、臭氧、甲烷和其他气体。二氧化碳和氮气的组成比例与金星大气非常相似，只是在密度上有巨大的差异。火星的大气层稀薄到什么程度呢？它表面的平均气压只有地球的 0.75%，金星的万分之八。无论是从气压还是组分上，火星都和现在的地球相去甚远，但其实别忘了，在地球刚诞生那会儿，大气层里可没有氧气，占据主导地位的，恰恰也是二氧化碳和氮气。

二氧化碳是著名的温室气体，但问题在于它太稀薄了，火星上不缺二氧化碳，极冠里有大量的干冰，土壤里也冻结了不少。虽然不像地球那样还有更大量的二氧化碳储存在岩石中，但就是这些干冰形式的二氧化碳，如果能够更多地进入大气层，也能让火星表面温暖得多——然而这其实陷入了一个死循环：因为温度太低，

由于火星表面地形高低起伏差异很大，高原和盆地的气压有明显的差别。此外，气压还随着季节而变化，处于冬季的半球将有 1/4 的大气被冻结在极冠内，冬、夏两个半球间有明显的气压差。所以火星表面的气压，夏季比冬季高，低地比高地高。同一个地点，在一个火星年间的最高气压可以比最低气压高出 40%；在火星表面海拔最高的地方（奥林匹斯山顶）与海拔最低的地方（希腊盆地底部）之间，气压的差距可以在 10 倍以上。

二氧化碳被冻结了；因为大气中缺少了二氧化碳，温度又变得更低。地球上的冰河时代就是这么开始的。地球"自救"的关键是火山喷发让新的二氧化碳补充到大气里，对火星来说，我们也需要做点什么来让二氧化碳开始重新进入大气，从而启动反方向的循环：温度升高使得二氧化碳从极冠和土壤中释放出来，二氧化碳又会加大火星大气的温室效应，从而使得温度进一步升高：这就像是一个放在斜坡上的巨大车轮，只要用力推上一把，让它开始滚动，它就会一直不停地滚动下去。

然后让火星上演一次轰轰烈烈的温室效应革命。

这个计划首要的关键，也就是最初推动车轮的那只手，在于最初的升温。科学家和科幻小说家们提出了许多办法，其中多数看起来还是像科幻小说——但在凡尔纳的时代，载人登月也不过是科幻小说。基本的思路当然都瞄着极冠呢，毕竟这里集中了火星表面大部分的二氧化碳。罗伯特·祖布林在他的《赶往火星：红色星球定居计划》里计算过，只要把火星南极极冠的温度提高 4℃（也就是从 –126℃ 提高到 –122℃），就足够开启加温的正循环，引发持续的温室效应过程。升温当然需要热量，热量从哪里来，这就有不少的提议了。

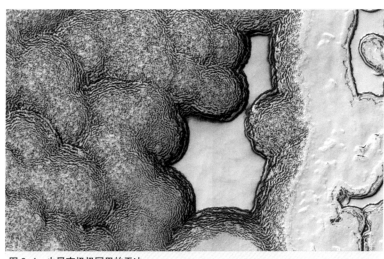

图6-4 火星南极极冠里的干冰

图片来自 NASA/JPL–Caltech/ 亚利桑那大学

最简单粗暴的设想，是诱使小行星撞击极冠。只要小行星足够大，撞击的能量不但足够让极冠中的干冰变回为二氧化碳，还能使火星地下的冰层和冻土融化，让地下水涌出地表。假如这颗小行星还含有一些氨——确实有不少的小行星有含量可观的氨——可能会更理想，因为氨气也是一种很好的温室气体，并且能够屏蔽一部分太阳光中的紫外辐射。——多么方便快捷，简直是一蹴而就！粗略估算一下，只要40次撞击就能让火星的温度达到适合人类居住的水平……看官！看官你别走啊！

确实，利用小行星撞击来改变火星，这个念头太电影剧本了一点。让一颗直径几十米、甚至上千米的小行星改变轨道，对人类来说并非不可能，但当然也是项艰难又复杂、还容易出错的工程。比起撞击的能量来说，还是太阳能更为安全可控。毕竟我们也没想真的一次性解决所有问题，现在的诉求不就是让大气的温室效应增加一点点吗？

如何让极冠接收到的太阳能增加？祖布林推荐的方法是轨道镜。"镜"这个词用在这里可能会让大家产生误解，觉得是什么又硬又重的东西，其实完全不是那么回事儿。轨道镜的功能只是反射阳光而已，不需要照得多么清晰，用加上明亮涂层的薄膜就能做到这一点，比如制作太阳帆的材料，每平方千米的重量也才几吨而已。如果能够在太空中制作这类膜的话，重量其实不是大问题（因为反正失重嘛），难度反而在能源和生产流程上。不过总之，轨道镜是个相对安全可控又有效的途径。

另一个让火星极冠升温的设想是在极冠上撒上炭黑，以增加阳光的吸收量，促使极冠融化。这办法见效缓慢，而且依赖于季节，显然夏季最为明显，其他季节不怎么样，启动温室效应的机会不大。见效快的设想也不是没有：改变火星卫星的轨道，或者拉来小天体成为新的卫星，利用这种"配重"来让火星自转轴偏移。当极冠不再位于极区，当然就能接收到更多的阳光了。

除了极冠里的二氧化碳之外，人们也在琢磨其他的温室气体的来源。火星上"自带"的温室气体就这一种最多，但要是设法就地制造呢？方案有两类：一类是化工的，建立工厂来生产一些"超级温室气体"，温室效应可以是二氧化碳的一万倍；另一类是生物的，通过在火星表面播撒合适的细菌来产生温室气体，可能的产物主要是氨气和甲烷。

通过生物的途径来改变行星大气构成，这是在地球上真切成功过的事，因此人们很自然地也会想到在其他行星上重复同样的过程。卡尔·萨根在 20 世纪 60 年代就提出过类似的设想，不过针对的不是火星而是金星：当时他的建议是在金星的大气中播种能够利用二氧化碳的藻类，以减弱金星上可怕的温室效应。当然后来我们对金星的情况有了更深的了解，知道对这颗行星采取生物学手段的可行性实在不大，不过对火星来说，一旦出现了液态水（在火星表面已经发现液态水的踪迹，地下可能有更多），细菌们的繁殖是可以非常迅速的。严苛的自然环境对细菌们来说也并不是太大的问题：地球上最早的环境好不到哪里去。

化工厂的效率则更高，选择的余地似乎也更大。目前的技术条件有能力将其付诸实施，因此得到了不少支持。不过，选择哪一种"超级温室气体"，还需要谨慎考量。

首先，这种气体最好能够在火星表面的条件下长期保持稳定，不能稍微经受辐射就分解了，也不能很轻易地就逃逸进外层空间中。这样甲烷就不是一个理想的候选者了，它在强烈的紫外线辐射下很容易就分解成自由的碳和氢，无法保持稳定。前面提到的用生物学手段制造的甲烷也面临同样的问题，所以如果选用了甲烷，就得源源不断地制造，否则无法保持应有的效果。

其次，我们选定的温室气体不能在可预见的未来留下"后遗症"。比如氟利昂[1]，它是一类性能优良的制冷剂，曾经在家用电冰箱和空调机中广泛使用，但含氯的氟利昂不仅是一种很有效的温室气体，还会促使地球大气中的臭氧转化为普通的氧气，所以现在已经渐渐被地球上的家电产业抛弃。所以假如选择氟利昂作为温室气体工厂的产品，制造的必须是不含氯的氟利昂，也就是碳氟化合物，未来才不会有破坏臭氧层的烦恼——当二氧化碳大气的浓度足够高的时候，臭氧层会自动在大气层中产生，现在的火星其实就有薄薄的一层臭氧，不过因为太薄了，还起不到什么作用。未来当温度升高、二氧化碳增多之后，现有的臭氧层也会逐渐加厚，逐渐开始能够屏蔽一定的紫外线。

再次，选定的温室气体最好造价低廉。前往火星的星际物流造价高昂、周期漫长，一切物资必须尽可能就地取材。最好是直接把一个空气转换机放在火星地表，再搭配几个采矿的机械臂就能完成任务。空气转换机把收集到的气体液化分馏（就像我们在第三章对月壤做的事一样，由于不同的气体具有不同的冷凝点，把混合气体降温到不同的温度，就能提取到不同成分的液化气体），除了要得到我们所需要的"超级温室气体"，还需要获得火星常驻人员所必需的氮和氧。碳氟化合物在这一轮再次胜出，火星表面具有氟元素，而碳元素可以从二氧化碳中得到。不过含氟的气体存在另一种隐忧：比如四氟化碳（CF_4），在高温下分解后可能产生剧毒的氟化物，这是需要注意的问题。幸好在火星

---

1. 氟利昂（Freon）是氟氯代甲烷和氟氯代乙烷的总称，甲烷或乙烷中的部分或全部氢原子被氟或氯取代，共有 20 多种不同的化合物。又称"氟氯烷"或"氟氯烃"，简写为 CFC（Chlorofluorocarbon）。

的自然条件下，很难达到产生这个反应的高温，因此基本还是安全的。

最后，这种"超级温室气体"必须足够有效，能在较短的时间内诱发温暖的环境，同时又必须可以控制，因为我们还不打算把火星变成第二个金星。根据一些科学家的计算，如果每小时向火星大气排放 1 000 吨四氟化碳，30 年后火星的平均温度就将上升 27.8℃。全氟丙烷的温室作用更明显，是二氧化碳的 1 万倍，数百年后甚至有望让火星达到远古时的温度。对这些"超级温室气体"的最大质疑，是能否控制好释放的量。毕竟，我们只是要把火星改造得对普通人类更为友好，而不是要再进行一次原始生命的演化实验。

说到底，要让火星变得能够适宜地球人居住，并不需要让它温暖到地球的程度，也不需要让它的大气达到和地球相近的成分和密度。一开始我们只要让温度和气压允许液态水在这个星球上的某些地方存在，这样就够了。一旦气压达到地球大气压的 1/4，暴露在火星大气下的居民就不用再装备带气压的外出服了——当然，氧气瓶还是必需的。在火星移民的早期，人们主要的生产和生活还是必须在封闭循环的城市内进行，因为火星表面现在的辐射量大约相当于距离核爆中心十几千米处的辐射量（主要来自太阳高能粒子和宇宙射线），人们的活动只能局限于辐射盾的保护之下。所以对大气的改造来说，温度是第一步，气压是第二步，组分则是第三步才需要考虑的问题。

6.3　从红火星到绿火星

在最初的升温之后，火星极冠里的二氧化碳将因为温度的升高而升华——在火星的自然气压下，二氧化碳会从固态直接转化为气态——这会消耗掉一部分热量，因此大气中二氧化碳的增加一开始会相当缓慢，随后再逐渐加快。根据祖布林的计算，单单南极极冠里的二氧化碳如果能够全部进入大气，其温室效应就足以使整个火星表面的平均温度提高几十度。

届时的火星，表面的大气压将能够达到地球的几分之一。同时，液态水也能在表面的局部地区存在。在局部地区，将会出现雨、雪等天气，更多的地方则可能是降霜。水蒸气也是有效的温室气体之一，而且水对于人类而言还有无数其他的用途，液态水更堪称是生命的瑰宝：冻结的水对生命没什么意义，水的重要性在很大程度上是因为它是良好的溶剂。水可以溶解许多生命物质，并且成为物质间相互作用的良好介质。只有液态的水才能完成这样的任务。

我们不需要等到火星冰冻的地下水完全融化——这些地下水在永冻区以细碎的冰晶形态藏身于土壤空隙间，和土壤充分混合，黏结成坚硬的冻土——也没必要让这颗行星的表面变得一片汪洋。液态水的存在就是进一步改变火星大气的基础，从这时候开始，我们就可以进行火星改造的第二步：着手设法让大气的组分向地球模板靠近了。

因为我们要开始种植植物。

电影《火星救援》里，主人公在火星上种土豆的一段是被观众津津乐道的情节之一。实际上这也完全可能。"凤凰号"和"好奇号"都报告过火星的土壤成分，植物学家们认为在地球上的相似土壤（多出了有机质和水，扣掉高氯酸盐）里可以种植的作物包括芦笋、芜菁和青豆，当然还有土豆。"好奇号"检测的土壤有轻微的弱碱性，不过火星上还有分布广泛的黏土矿，用来和碱性土壤混合就能得到中和。当然光是土壤符合条件还不够，因为我们还要对付低温、干旱、低气压，就算经过了加温也还是不得不用上这些形容词（虽然比火星的现状应该已经好得多了）。地表土壤里可能含有的剧毒化合物也需要考虑到，比如前面提到过的高氯酸盐和过氯化物，大多数的生物遇到它们都活不下去，耕作之前还得做出预处理。另外，辐射可能还是一个问题。最先登陆火星的物种一定是那些生命力极其顽强、同时又比较适应火星环境的种属，细菌确定无疑应该入选，它是最可能在严苛环境下生活的物种，当然应该为火星的改造之旅打打前站，因为在地球的历史舞台上，它的确轻松愉快地完成了相似的任务。

事实上，直到现在也还有一些地球物种生活在与火星环境比较类似的条件下，比如生活在海底或者北极冰层深处的微生物。这类微生物生活在不见天日的黑暗中，以岩石的化学能或者海底火山的热量维生。生物学家们正在研究从这些微生物中取得的基因，希望能够帮助植物们获取在火星的极端条件下生存的能力。在那之前，植物们还是只能生活在基地的温室中，为人们提供食物，同时改变基地内部的环境。

对火星的改造来说，细菌是很重要的。即使是在含有高氯酸盐的土壤中，也照样有细菌能够生存。它们是古怪而强韧的小东西，不管是高温、寒冷、干旱、毒性、不见天日甚至辐射，总有那么一些能够迅速演化出最适应的变种，然后安然无恙地活下来。细菌可能改变土壤的成分，使其更适合植物生长；也可能改变大气的组分，向大气中释放氧气和甲烷。

这是相当漫长而艰辛的工作，可能需要长时间的等待，因为整个过程都是依赖生物进行的，人工干预难以起到什么作用。我们一点点改变着土壤和大气，同时，火星表面的温室效应也还在进行着。越来越多的二氧化碳被排放到大气中，和越来越多的植物可以在火星表面生存，这两个过程是同时进行的。植物吸收二氧化碳，放出氧气，大气中的氧气逐渐增多。随着氧气的增多，臭氧层也会加厚。假以时日，火星的平流层中，也许也会出现一个足够屏蔽有害辐射的臭氧层。

历史仿佛在重演着数十亿年前发生在另一颗行星上的一幕一幕。大气的成分在生命的挣扎求存中逐渐改变。不同的是，这个过程中有人类智慧的参与。我们不再仰赖造化的神奇，坐等自然的演化来筛选物种。生命科学将会在这个时刻起到巨大的作用。也许将会有能够释放大量氧气的"超级氧气植物"出现，加速改变火星的大气组成。

6.4 火星生活

火星城市的建造几乎与火星土壤和大气的改造同时进行。最早前来的一批人们每天辛劳工作，在工厂生产温室气体和生活必需品，在温室农场种植作物，同时建造自己的家园。一个典型的火星城市应该有着大型的穹顶状天幕——穹顶的形状在力学上最为可行——不过天幕的材料如何则有各种不同的设想。科幻作家金·斯坦利·罗宾逊设想火星城市的穹幕由特殊的薄膜材料构成，不但能通透天光，还能把受到的风压转化为电力。工程师们则更简单朴素一点，决定就地取材，用火星土壤制作砖头。火星土壤里的硫和钙含量都不低，制成的砖头强度很不错，土壤加入一些其他材料之后就是传统的硅酸盐水泥——罗马人用的那一种。一开始光用砖修房子，没有钢筋，那么建筑的结构也将是罗马人发明的那一种：用加压的拱顶来让墙和柱子保持稳定。考虑到外墙保温和隔绝辐射的需要，每个基地大概都是半地下的，基地与基地之间以地道相互连接，很可能会有一些人连续好几个月都不必来到地面。发展到一定程度之后，当工厂具备了相应的生产能力，用高强度塑料加上金属网格骨架来建构的拱顶可以在地面上一片一片的连接起来，建造出大面积的室内城市。小说里描写的那种先进的薄膜材料，相信也总有一天会被发明出来吧。

　　不管最终选择的材料和修建方式如何，基地的穹幕会把城内的居民与外界的低温、低气压、强辐射隔绝开来。城内安全而温暖，是一个封闭循环的环境。空气是人造的，成分经过仔细的调配，居住区和植物温室的空气成分有所不同（虽然植物温室很可能建在穹幕外，因为植物需要阳光）：温室里的二氧化碳比例要比居住区高得多，这样才能最大限度地提高光合作用的效率。氮气和二氧化碳都来自火星大气，氧气则需要从工厂提供。火星表面不缺氧元素，只是它们都被禁锢在岩石里。火星的表面有多种富含金属的矿石。一边冶炼金属，一边得到氧气和水，这真是一举三得！不过，冶炼过程中必需的氢气一开始得从地球带来。阳光也可能是人造的，因为火星上的阳光太过淡薄，而足量的、规律的光照对地球人类的健康非常重要，对植物更是如此。所有这些环境的塑造都需要能量，太阳能可以提供一部分，但不可能足够，能够为火星基地提供足量能源的，应该就是我们在第三章设想过的，利用氦 –3 的核聚变电站。

火星和月球，人类空间探索的两个里程碑，就这样产生了微妙的联系。同样让人们联想到彼此的还有小天体的撞击。火星有一些大气，而且大气还将被改造得更加浓密，所以对小天体撞击的抵御能力更好一些，但还是不得不防。因此城市的选址非常重要，虽然不至于像我们之前对月球基地的设想那样依山穴居，但也最好是在盾状火山的山麓下，高山可以在一部分方向上遮挡住小行星的撞击。火星上的居民需要建立起可靠的小天体预警机制，即便不具备摧毁潜在危险的能力，也应该有遇险避难的预案和准备。这个城市当然还最好位于阳光充足的地方，纬度别太高，这样离火星的发射场或者空港比较近；但也不能太低，因为距离极冠越近，取水就越方便。地基下方的地质结构必须彻底探测明白，因为火星上可能广泛分布着地下水系，而且随着星球变暖，地下的冻土也将逐渐融化，而城市的地基必须能够承受足够的重量才行。

建筑师们一开始可能会不太习惯在火星盖房子：这里的重力太低了，建筑的结构和标准都和地球不一样，而且无疑在至少一两代人的时间里建筑都会以实用为主，模样多半千篇一律。不过总有一天他们会爱上这里，因为有无数在地球限于重力无法实现的创意都可以在这颗行星实现！

人们外出时必须通过空气封锁闸门，穿上外出服，携带氧气瓶。出入的过程应该无须经过减压程序，只和普通的潜水准备差不多。外出服不像宇航服那样需要附上气压，只要在防辐射和保暖的外层加上一层较紧的内衣，给皮肤以适当的压力就可以了。外出的鞋子必须是特制的，鞋底要特别保暖，踩在冻土上的滋味可不是闹着玩的。如果是需要执行城市外作业的人员，比如采矿、勘探和土壤改造作业，还需要额外戴上专门的保暖手套，外出过夜更是必须携带取暖装备。不过绝大部分成员的生产和生活应该都在城市内进行，只是从一个天幕来到另一个天幕罢了。

火星居民看到的景色将会是怎样的呢？虽然火星上暂时没有工业污染，但蓝天还是相当难得的，因为大气中常常充满微细的红色尘埃，把天空染成泛黄的粉红色，不过在地表渐渐变得湿润起来之后，尘暴的规模应该会变小。即便到了几百年后，在没有尘暴的日子里天空也几乎总是晴朗的，云很薄，雨雪不多。和地球相似的一点是，一早一晚都会起风——地球是因为陆地和海洋间的温差，火星则是因为这片地区和那片地区之间的温差。风速不小，不过大气相对稀薄——与之对应的是重力也小，所以能够扬起尘沙，声势惊人，但对建筑的威胁不大，只是野外工作人员在遇到狂风的时候需要注意自我保护。当大气在更远的未来被改造得更浓密的时候，植被和城市建筑也已经遍布星球，那时候的风速会因为各种阻碍而大大降低，尘暴可能也就和地球上的沙尘暴差不多了。

因为火星比地球小，站在平坦开阔的地方，就会发现这里的地平线感觉更近。地表到处都是红色，充满沙砾和石块，如果你曾经在某些沙漠旅行过，一定会感到有些眼熟。火星上的巨大地形——比如奥林匹斯火山、塔西斯高原火山群、水手谷和希腊盆地——在身处其间的时候想必会给人以更为强烈的震撼。虽然火星表面的重力只有地球的38%，要徒步登上奥林匹斯山也是相当辛苦的——并不是因为攀登

图 6-5　火星与地球表面的尘暴对比

　地球上的沙尘暴和现在的火星相比堪称小巫见大巫。图片来自 NASA/JPL/MSSS

有多难，奥林匹斯山的坡度相当缓和，安步当车就可以闲庭信步，但它实在太高了，从山脚走上去差不多要走 100 千米那么远！更别说还有 22 千米的高度提升了。所以一天是走不完的，还得带上野营的装备，在火星上野营可比在地球上麻烦无数倍，看来这样的壮举也不会是谁都能完成的。走路的时候还得要小心，这里并不是地球人类熟悉的重力环境，新移民还得花一段时间适应。由于还没有婴儿在火星表面学会走路，我们并不知道人类对火星重力的终极适应程度会是怎样。不过根据在飞机上模拟火星重力条件而做出的测算，最节省体力的步行速度大概是 3.4 千米 / 小时，而在地球上是 5.5 千米 / 小时。

太阳因为离得更远，视圆面比在地球上看到的更小，平均角直径只有 21′，而在地球上是 32′。火星轨道比地球扁，近日点和远日点的太阳差异也比地球大。地球看上去的模样应该跟我们

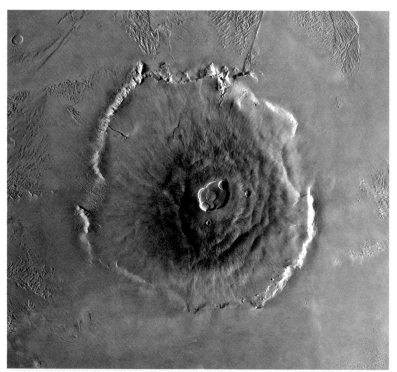

图 6-6 巨大的奥林匹斯火山

图片来自 NASA

现在从地球上看金星差不多，从亮度到离太阳的最大角度都很相似，而且也同样有着明显的位相变化。除非用望远镜，不然看不出地球是蓝色的。天空中有两个"月亮"，都很小，火卫一的最大角直径是 12′ [1]，火卫二是 2′。它们的公转周期不同，因此在天空中仿佛捉迷藏一样互相遮挡和追逐。

在晚上，由于两颗卫星都很暗，星星显得非常明亮，闪烁也比地球上看到的星空轻微。在火星表面看到的星座形状和地球上一模一样。天文爱好者们可以轻松地在火星表面辨认自己属性的星座，毫无困难。唯一的区别在于，火星现在的北极星不是我们熟悉的小熊座 α 星，而是另一颗著名的北天亮星：天津四。南天极则位于"南天虚十字"——船帆座里的一个十字形状，可以在南十字座与老人星的中间找到它。它与南十字座形状相似，很容易混淆，所以叫"虚十字"。

图 6-7　艺术家想象中的火星生活

图片来自 NASA/Glenn

––––––––––––––––––

1. 由于轨道太低，火卫一在位于天顶和和位于地平时与火星表面观察者的距离差别很大。在天顶的视直径是 12′，在地平只有 8′ 24″。

6.5 困难列表

实际上，本章里描述的改造过程被极端地简化了。我们只提供了理论性的设想，忽略了一些实践中的困难，对某些技术细节避而不谈。对细心的读者来说，在阅读以上段落的时候，心里或多或少会出现一些问号——假如以下各条都出现在了你的脑海里，恭喜，你已经掌握了科学研究的思考方式。再加把油，也许未来为火星移民做出贡献的名单中，就能添上你的名字。

那么严格来说，我们还面临哪些困难？

第一，我们始终没能完全解决辐射的问题。虽然厚度和密度增加后的火星大气对辐射的屏蔽能力有所增加，我们也期许火星能够具备组分和密度都与地球相似的大气层，应该可以达到在耀斑事件中保护人类的程度，但我们还是只能让所有的生命躲进天幕。这是因为火星不像地球那样拥有强大的磁场，无法阻挡高能粒子的轰击。虽然太阳高能粒子和宇宙射线都是偶发事件，但它们是无法预测的，只要遇到就会对人体造成危害，短期外出问题不大，长期暴露在威胁下就很要命了。所以对我们来说，能够无防护活动的区域限定在天幕泡泡和地下城市里。当然了，火星地壳厚、重力低、又基本没有地震，地下城市冬暖夏凉，没什么不好。如果未来有一天我们有能力在火星上人为地制造出强磁场，或者进入火星内部，让火星的内核"发电机"再次启动，那才是真正让火星地球化的时代，人类可以自由地在火星表面活动，不需要刻意的防护和桎梏。

第二，火星 – 火卫这个系统其实相当不稳定。火星的两颗卫星质量太小，和火星的质量根本无法相比。想想一个配重错误的陀螺，它转起来一定很容易乱晃。火星的自转也差不多是同样的情况，除了以 5 万年为周期的岁差之外，火星但凡遇到扰动，自转轴就可能发生不规则的剧烈摆动。万一它在我们着手改造之后突然来这么一手，好不容易变得温暖的气候就会迅速寒冷下去，一切都要从头再来——不少科学家相信，极轴的突然偏移也是地球历史上出现冰期的原因之一。解决这项隐忧的办法是给火星配上一颗质量足够的卫星，或者祈祷我们永远不会遇上这样的麻烦。前者太困难，后者——如果它能有用的话，我们干脆祈祷火星自动变成地球算了。

第三，在地下冰层融化的时候，液态水被上层冻土的重量挤出地面。这意味着地层会下陷。最初到达地表的水会结冰，这将大大增加地表的反照率，使得地表从太阳获得的热量变少：和我们期待的温室效应正循环不同，这是可能开启冰期循环的危险情况。要矫正这个危险倾向，需要加大温室气体的产出。

第四，和地球一样，火星也有被小天体撞击的可能。2008年1月30日，就有一颗直径约为50米的小行星2007 WD5以非常近的距离掠过火星。倘若它没有和火星擦肩而过，而是直接撞上行星表面的话，会在北半球形成一个直径约为800米的撞击坑，规模大约与1908年发生在地球上的通古斯爆炸相仿——那次神秘的爆炸，很可能就是一颗类似的小天体冲入地球大气而发生的。同等规模的撞击在火星上大概几千年就会发生一次，要是正好有一颗小天体撞到我们的火星城市上，那将会是巨大的挫折。当然，根据现代空间科学技术的发展和能力，已经可以规避小行星撞击地球的危险性，全球性的小行星监测网能够及早发现小行星的运行轨道和撞击地球的可能性，提前采取有效措施，比如发射航天器接近小行星，只要在小行星上施加一点点力，稍微改变小行星的轨道，就能使其最终与地球擦肩而过。未来的火星城市在建设家园、努力生存和发展的过程中，也不能忘记发展这种规避撞击的能力，但监测网络和航天器不会在基地发展的初期就马上建立起来，在此期间仍然冒着巨大的风险。

第五，在经过如此的改造之后，火星原本的环境将被彻底改变。我们将再也无从得知这颗行星原本的过去，特别是关于远古生命的部分，因为它已经被人类"污染"了。因此在那之前，必须完整而仔细地审视整个火星，并设立保护区，对古老的地质资料和景观加以保护。

生命产生于偶然，偶然有一颗合适的行星位于一颗合适的恒星身边的合适的位置，生命于焉产生。在一颗偶然出现生命的星球上，演化出智慧生命的概率更低。人类是被地球"定制"的物种，生存条件是被地球环境限定的，要把火星改造成适合人类生存的行星谈何容易。而且在改造过程中，往往牵一发而动全身，各种自然条件不可能独立变化，彼此间有着深刻的影响。比如，温室气体增多，导致温度上升，湿度上升，也可能导致火星表面物质（有毒氯化物）的强烈化学反应，反过来影响大气成分；氧气增多，可能导致硫化物与氧气的反应，并上演一场火星上的酸雨。温度也好、氧气含量也罢，改造火星环境的某一项参数并不困难，难的是维持种种生命适宜条件的平衡，以及让能量、物质保持合理顺畅的循环。就目前人类的能力而言，确实还是任重而道远。

6.6　蓝色火星

不过，至少到能够讨论困难的这一阶段，我们已经极大地改变了这颗红色的星球。它开始变得较为温暖、湿润，有了天气的变化。巨大的穹顶错落有致地分布在红色星球的表面，仿佛是从红色土壤里长出的一朵朵蘑菇。人们已经可以在火星上长久居住，虽然可能不如地球上方便舒适。但还有一些是我们无法改变的，比如表面重力和火星日长度，这就只能慢慢习惯了。好在火星日与地球日相差不多，我们的生物钟尽可能调适过来。手表上的刻度也许还是 24 小时，只不过每天的最后一个钟头特别长——对习惯了一天 24 小时的地球人来说，把每个火星日比地球日多出来的 37 分钟一股脑扔到午夜，这样做也许最为方便。甚至可能多出来的几十分钟不予计时，只是作为假期，就像古代的埃及人对一年里"多出来"的 5 天一样。

重力是一个问题。偶尔半醉时的轻飘飘的确是美妙的状态，但每天 24 小时、每周 7 天的轻飘飘则不见得那么美妙。人体的生理结构不是为了适应火星的重力而演化来的，火星表面的居民无疑需要花更多的时间精力用于体育锻炼，以维持身体健康。火星上的一年约等于地球上的两年，季节变化也更明显，因为火星的公转轨道形状比较扁。不过这对生活在人造环境中的居民来说不成问题，季节是完全可控的——这对植物很重要，因为它们的生长过程严重依赖于对季节的感受，严格来说，是对光照时长和温度的感受。在不同的温室里采用不同的光照和灌溉策略，可以让植物感受到不同的季节，于是，原本在不同季节收获的蔬菜和

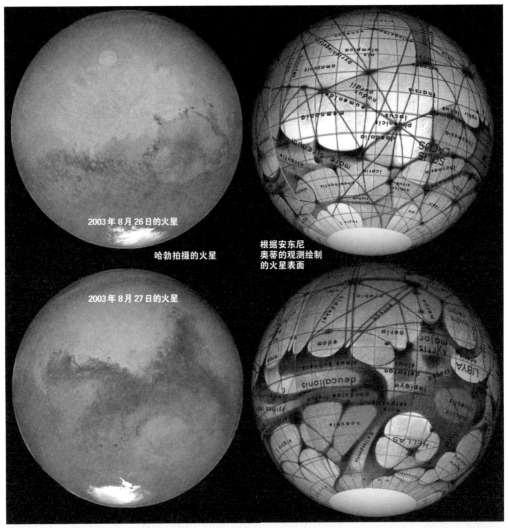

图6-8 安东尼奥蒂绘制的火星表面"植被"

与左侧由哈勃拍摄的火星尘暴相比，可以看出相似的轮廓。图片来源及版权：*Tom Ruen, Eugene Antoniadi, Lowell Hess, Roy A.Gallant, HST, NASA*

水果可以同时送上餐桌。这甚至比地球还要优越，因为这完全是"天然"的，不比地球上还有不少反季食品是靠贮存技术一直撑到下一年。

除了温室作物之外，随着火星自然环境的不断改变，温度继续升高，冰层继续融化，在自然环境里种植的植物也就越来越多。届时，可能就需要基因工程和育种技术的帮助，让植物适应火星的四季长度。充满二氧化碳的大气是非常适合植物生存的，低重力环境则帮助它们长得更为高大。火星上的植物和地球一样以绿色居多，因为阳光稀薄，叶片可能会非常大，以便更有效地进行光合作用。总有一天，火星将像 200 年前的地球人类所设想的那样，有着广布的植被，随季节的转换发生周期性的变化——虽然当时的天文学家从望远镜中看到的更可能是全球性尘暴，而绝不可能是火星人的农业成就。

在那之后，将有更多的水从地下释放出来，在火星表面凝聚成江河湖海。火星的"地球化"要到这一步才算完成，并最好是到此为止：后来在地球上发生的一切，我们可不希望在火星上重演。

按照我们在本章的设想，火星可能在数百年间转化为对人类较为温和的环境，并在 1 000 年内达到完全的地球化。从空间中看，火星的色彩将完成红色→绿色→蓝色的转变。要顺利实现这个奇迹，对未来的人们有着严苛的要求。他们必须积极、勇敢、坚韧，把一项极其艰难的任务近乎无休止地坚持下去，克服种种意料之中和之外的技术困难，并保证绝不出错，即使出错也马上能够合理解决。这需要整个地球人类的通力合作，不分彼此，共同为全人类寻找到一条未来的出路。

火星的移民将扎根于这个星球，在它的表面繁衍生息，就像我们的远祖在地球上所做的一切那样。第一个"火星宝宝"可能会在一两个世纪内出生。几代之后的火星居民将会在外观上、至少是在身高上与地球人有着明显的差异。假如火星的居民前往地球探望远祖的故乡，可能会出现强烈的不适反应。他们的心脏、骨骼、肌肉和大脑都无法适应突然增加了将近两倍的重力，在地

图 6–9 "蓝色火星"，喷气推进实验室的软件工程师 Kevin Gill 利用 MRO 和 MOLA 的观测数据模拟的地球化的火星

图片来自 NASA/JPL/Kevin Gill

球上长时间的超重状态（对火星人而言）是生理结构的沉重负担。但他们在月球基地估计会过得非常愉快，因为月面的重力不到火星的一半。

实际上，笔者更倾向于认为火星居民将永远无法返回地球。地球居民倒是可以进行往返火星的旅行，但不能在火星停留太长的时间。从火星出发前往地球的旅客则必须经过严格的身体检查，以确保他们不会被地球的重力压垮。未来，人类可能将会分为两支：地球人和火星人。也许在更遥远的未来，人类将成为整个太阳系的主管。但不管移民到哪一个星球，后来发展出怎样的文明，他们的望远镜都将常常关注内太阳系那颗小小的蓝色行星。因为他们的基因来自地球，来自那一大片蔚蓝色的海洋。

　　还有一个严肃的、不得不在这里提醒的问题是，当前的地球，由于人口的过度繁衍、经济的某些不正当发展、政治的纷争，以及科技的某些不当运用，已经被破坏得千疮百孔。地球的环境和资源与当今人类社会的发展之间，出现了如同本书第一章所指出的多种恶性循环。移民火星是人类的一种可以期待的出路，但还很遥远、很艰难。即便是将来实现了移民，也不可能"举球"搬迁，地球必然还是人类的大本营，是我们最后的、最基本的根基所在。如果人类不能很好地保护地球，保护人类当前唯一的家园，也许在我们的移民梦想和移民努力还没来得及付诸实施之前，地球上的生态系统和社会系统就会先行崩溃。那将是人类最大的悲剧！

　　科学技术是人类的第一生产力，但那要建立在人类能够存续的基础上。倘若地球环境被破坏到人类难有立足之地，"皮之不存，毛将焉附？"再一味强调"生产力"也就失去了实际意义。因此，让我们在保护环境的前提下发展科学技术，再来展望人类社会在宇宙间繁盛的美好未来吧。

延伸阅读书目

《火星的故事 / 盗火者译丛》，[英] 帕特里克·摩尔著，北京理工大学出版社，2004 年 5 月

《月球的故事 / 盗火者译丛》，[英] 帕特里克·摩尔著，北京理工大学出版社，2004 年 5 月

《挑战火星》，卞毓麟著，上海科学技术出版社，1999 年 6 月

《月球——人类走向深空的前哨站》，欧阳自远、邹永廖、李春来编著，清华大学出版社 / 暨南大学出版社，2002 年 9 月

《一颗原子的时空之旅》，[美] 劳伦斯·克劳斯著，中信出版社，2003 年 9 月

《火星三部曲》，[美] 金·斯坦利·罗宾逊著，华文出版社，2009 年 1 月

《登陆火星》，[美] 史蒂夫·斯奎尔斯著，中国宇航出版社，2008 年 1 月

《赶往火星》，[美] 罗伯特·祖布林、理查德·瓦格纳著，科学出版社，2012 年 3 月

《太阳系三环到四环搬迁纪要》，[美] 玛丽·罗琦，湖南科学技术出版社，2014 年 1 月

《火星科学概论（第二版）》，欧阳自远、邹永廖编著，上海科技教育出版社，2017 年 4 月